小天角
Tiān Jiǎo Kids
轻科普系列

可爱却危险？

表里不一的生物

[日]朗 著 [日]实吉达郎 编
[日]川崎悟司 [日]羽仁卫门 [日]因幡野实音 绘
邢立达 余鹭琦 译

U0248019

CTS 湖南少年儿童出版社
HUNAN JUVENILE & CHILDREN'S PUBLISHING HOUSE
长沙

序

在这个世界上，有很多生物长着可爱的模样，人们总会情不自禁地被它们深深吸引。已经有许多人饲养过宠物猫和宠物狗，饲养过小鸟、兔子和仓鼠等小型动物的人也有不少。

可爱的生物似乎拥有不可思议的能力，能够治愈人心。即便只是看它们几眼，也能让人变得心平气和。

看着这些可爱的生物，人们或许在不知不觉中就会产生"想饲养""想触摸""想拥抱"的想法。但是，并非所有可爱、安静的生物，都像看上去那样安全无害。

绚丽多彩的小鸟却带有剧毒，毛茸茸的小狗却会攻击人类。事实上，不少生物虽然看起来可爱，却有着非常危险、凶残的一面。

　　在本书中，我们将向您介绍这些存在意想不到反差的生物。如果您在惊呼"好可怕！""好危险！"的同时，能够懂得不要被生物的外表所迷惑，并开始思考如何与它们在保持距离感的基础上正确相处，我们将不胜荣幸。

朗

小狐

《奇怪生物频道》
节目主持人

小貉

《奇怪生物频道》
节目主持人

朗

《奇怪生物频道》
节目运营者，很少登场

接下来，由我们来隆重介绍《可爱却危险？表里不一的生物》……

等等！这样开场，不奇怪吗？！

难道不行吗？

这样会吓到读者的。因为我们是通过书本来介绍知识啊！

和以前用视频来介绍知识不同，有点紧张。

朗居然也来了！

啊，忘记介绍了，我是《奇怪生物频道》节目运营者，朗。

在本书中，我，天生丽质、头脑灵光的小狐，将和除了吃什么烦恼都没有的"馋嘴大王"小貉一起，向大家介绍各种各样的生物。

你怎么知道我没有烦恼……不要那么想当然好不好！

这次我们将向大家介绍一些虽然看起来可爱，却带有剧毒，或者性格粗暴的生物！

啊，还有这样的生物？

嗯，如果被外表所迷惑而靠近它们，便是一条不归路……

什么?!

哎呀，有一半是开玩笑啦。下面就让我们一起来揭开这些生物的真面目吧！

究竟有哪些生物会登场呢？嘿嘿……

哇——我已经开始瑟瑟发抖了！

本书的阅读方法

书中将会介绍各种各样的可爱生物。你可以直接从最喜欢的那一页开始读。

书中提供了参考数据，可以学习。如果你在了解可爱生物的另一面之后还能增长知识的话，那就太令人欣慰了！

① 不可思议的另一面！

揭露那些可爱生物被隐藏起来的本性，或危险，或凶残，或狡猾。你可能会对这种反差感到震惊。

② 基本数据

你将了解到生物的种类、主要分布、体形等知识。

③ 解说

详细说明生物的生态和特征。你可以结合参考数据，想象一下生物的真实模样。

目录

第一章

可爱且为人熟知，实则危险的生物

第二章

不常见的可爱生物，其实凶狠残暴？！

第三章

虽然可爱，但最好**不要作为宠物**饲养的生物

第四章

虽然可爱，但其实像**小恶魔一样**难缠的生物

第五章

既可爱又无比顽强的生物

今天我们要去动物园！

小貉，别那么激动，记得买门票。

咦？小狐你已经进园了！

那么，从什么动物开始看呢？

当然是可爱的大熊猫和树袋熊！然后是可怕的狮子……

哎呀，大熊猫和树袋熊真的是可爱的动物吗？

嗯？它们都很可爱吧？

外表确实可爱，但内在是不是也称得上可爱呢？

内在?

有些动物虽然外表可爱，但有时也会攻击人类，令饲养员无比头疼。

不不不，可爱的动物才能治愈人类不是吗？

可爱、治愈，并不代表它们不会伤害人类。

什么……

首先就来揭露那些大家耳熟能详、在动物园能看到的可爱动物的真面目吧！

啊！它们在我心中的形象要被破坏啦！

再可爱，也是熊

拥有足以打败人类的战斗力！

大熊猫

可爱却危险？表里不一的生物

黑白双色，缠着饲养员的大熊猫宝宝……大熊猫刚从中国来到日本上野公园的时候，前来参观的人们排起了长蛇般的队伍。人们要足足等上两小时才能一睹它们的真容，其受欢迎程度可见一斑。大熊猫虽然可爱，但毕竟是熊科动物，骨骼和肌肉都很强壮。有时候，大熊猫只是想和饲养员玩耍，却会在不经意间把他们推倒在地。

不可思议的另一面!

虽然可爱，但毕竟是熊。
如果贸然靠近它们，可能会被
狠狠揍一拳哦。

档案

名称	大熊猫
学名	*Ailuropoda melanoleuca*
分类	哺乳类
主要分布	中国
大小	体长 1.2~1.5 米

大熊猫给人们一种只会吃竹子的印象，其实它们是熊科的肉食性杂食动物。在很久以前，它们和熊一样吃各种各样的食物，后来放弃捕猎，移居到中国深山，经过了几万年的演化，成为现在的大熊猫。大熊猫没有草食性动物那么长的肠子，吃竹子对它们来说其实挺费劲的。

再多喂一些——

桉树叶

过于任性的美食之王。

世界上有许多好吃的食物，如果你爱美食，伙食费的数目想必会非常可观。相对而言，树袋熊只吃桉树叶就够了。单凭吃相就能受欢迎，被当作可爱的动物，真是太幸福了！什么，树袋熊是动物园里食物成本非常高的动物？一只树袋熊每天的伙食费比大象和狮子都高，约为1100元人民币。真没想到，虽然树袋熊的食物摄取量不多，但由于桉树叶是专供树袋熊的食物，所以成本出乎意料的高。

可爱却危险？表里不一的生物

树袋熊

不可思议的另一面!

明明还有那么多种树叶能当饭吃，偏偏因为挑食把钱包吃空……

档案	
名称	树袋熊
学名	*Phascolarctos cinereus*
俗称	考拉
分类	哺乳类
主要分布	澳大利亚
大小	体长 60~85 厘米

　　桉树叶有毒，树袋熊却以它为食。在陆地上竞争失败的树袋熊，因为转食有毒的桉树叶才得以生存。后来它们便成了只吃桉树叶的顽固美食家，一只树袋熊每年的伙食费约为45万元人民币。顺带一提，大象的日均伙食费约为450元人民币，狮子的日均伙食费约为113元人民币。

背叛人类的日子不远了?!

成年以后连手都不让碰！

黑猩猩

婴儿时期的黑猩猩就非常聪明了！虽然狗也很聪明，但相对来说，黑猩猩是更接近人类的动物，**它们看起来就像能理解人类语言的孩子一样可爱！**嗯？可爱仅限于婴幼儿时期，成年以后连碰一下手都不行？黑猩猩是群居动物，**它们也像自然界的成年兽类一样，有同族相残的一面，**即使是饲养员也有可能被攻击。它们的可爱只是电视节目制造出来的假象。

不可思议的另一面！

同族之间也会爆发残忍的混战……真是太令人震惊了。

档案

名称	黑猩猩
学名	*Pan troglodytes*
分类	哺乳类
主要分布	非洲
大小	体长 63~94 厘米

在动物中，黑猩猩拥有接近人类的惊人智慧。据说，它们的智力水平和3岁幼儿的智力水平相当，可以记住各种各样的技能。但由于黑猩猩在自然界中是集体行动的，成年后为了成为首领会变得非常凶暴。为了让自己的地位高于饲养员，它们甚至会对饲养员发起攻击。成年黑猩猩的握力约为200千克，非常危险。

深藏不露的陆地强者

绝不允许闯入我的地盘！

在动物园里看到的河马不是在水中游泳，就是静静地待在角落，那种悠然自得的样子非常治愈。但是在非洲，野生河马是众所周知的猛兽，甚至比狮子还要危险。河马的领地意识非常强，通过喷洒粪便来标记自己的领地。如果出现闯入者，不论是同类还是狮子，它们都会张开大嘴，用巨大的犬齿进行攻击，无所畏惧，十分凶残。

河马

不可思议的另一面!

多一事不如少一事……还是远离这位陆地霸王吧。

档案

名称	河马
学名	*Hippopotamus amphibius*
分类	哺乳类
主要分布	非洲南部
大小	体长 3.5~4 米

　　河马给人一种悠闲的印象，所以即便听说它们很凶猛，人们也只会想："只要不被袭击就好了。"令人意外的是，这种庞然大物在陆地上时速可达 40 千米，在水中时速可达 60 千米。一旦激怒它们，你根本无法逃脱，还会遭受咬合力约 1 吨的攻击。在非洲，每年大约有 500 人因河马的攻击而丧命。

求偶舞蹈
太过激烈！

物极必反，
成了扫兴
之举?!

ér miáo
鸸鹋

往　这边来的高个子鸟是鸵鸟吗？看上去全身都是棕色的，啊，难道是鸸鹋？鸸鹋小时候毛茸茸的，非常可爱，性格也很友善。可是，当有人抚摸它的时候，它却突然横冲直撞起来。只见它坐也不是，站也不是，还不断地扭动身体，根本冷静不下来，好可怕啊！难道这就是传说中的求偶舞蹈？虽然看到它这么开心令人高兴，但这样的气氛太尴尬了，反而会起反作用吧。

不可思议的另一面！

虽然超越种族的爱会让人感到温暖，但真的碰上的话也着实令人困惑啊。

档案	
名称	鸸鹋
学名	*Dromaius novaehollandiae*
俗称	澳洲鸵鸟
分类	鸟类
主要分布	澳大利亚
大小	身高 1.6~2 米

鸸鹋是一种很容易与鸵鸟混淆的鸟类，它们的脖子很长，不会飞，从分类来看是更接近于火鸡的动物。虽然鸸鹋的个子很高，有点吓人，但大部分对人类很友善，甚至有些鸸鹋会把人类当作求偶对象。如果你的身边突然出现了一位坐立不安的追求者，也只能有礼貌地拒绝了吧。

强大的猛兽

绘本里的故事都是骗人的？！

棕熊*

14　可爱却危险？表里不一的生物

棕 熊的耳朵是圆形的，全身的毛发非常蓬松，在泰迪熊等很多卡通角色身上都能看到这些可爱之处。但棕熊其实是非常危险的动物，生活在日本北海道地区的棕熊处在当地生态链的顶端。最大的棕熊体重超过500千克，仅出一拳就能把你打飞。在日本，已经有多人因它们的袭击而丧命。

不可思议的另一面!

有名的棕熊角色那么可爱，原型却是猛兽啊。

档案	
名称	棕熊
学名	*Ursus arctos yesoensis*
分类	哺乳类
主要分布	日本（仅限北海道）
大小	体长 1.6~2.3 米

小时候，印象中的棕熊大多数模样可爱，和人类一起玩耍。实际上，野生棕熊的警戒心很强，基本上不会主动靠近和攻击人类。如果它们在死角偶遇人类，又受到惊吓的话，会出于防卫而反击。

* 棕熊是陆地上体形较大的哺乳动物，主要生活在北美洲、欧洲和亚洲。文中特指生活在日本北海道地区的日本棕熊。

大圆木头
也能咔嚓咬断……

门牙太
恐怖了！

美洲河狸

啊， 太治愈了！美洲河狸努力搬运树枝，用灵巧的小爪拿着蔬菜啃食的样子真是百看不厌。但是不要放松警惕哦。美洲河狸在啮齿类动物中体形较大，拥有含铁量高、锋利又坚硬的门牙，仅用10分钟就能啃断整棵大树。国外就发生过这样的事件：一棵大树被河狸咬断倒下，压坏了电线导致停电。还有一起事件：一名男子在给河狸拍照的时候，由于毫无防备，被河狸咬到腰部，出血过多而死。

不可思议的另一面!

如果把它们想象成嘴里藏着刀的巨大老鼠，你是不是就有一丝丝害怕了？

档案

名称	美洲河狸
学名	*Castor canadensis*
俗称	北美河狸
分类	哺乳类
主要分布	美国、加拿大
大小	体长 80~120 厘米

河狸是老鼠的同类，用锋利的门牙啃食树皮。在河狸栖息的河流附近会出现许多没有树皮的树枝，它们都是被河狸搬运来的。河狸需要在河里筑巢，所以要制作可以用来阻挡水流的"水坝"，便形成了这种独特的生态。

海中杀手

在自然界
所向披靡?!

虎鲸

哇！ 这个跳跃好厉害！在水族馆观看虎鲸表演时，你一定会被它们完美的表现征服。虎鲸和熊猫一样只有黑白两色，是水族馆里的"大明星"……实际上，和可爱的外表相反，它们是一种非常凶猛的生物。说起海洋中凶残、可怕的生物，大家应该都会想到鲨鱼吧，可就连鲨鱼在遇到虎鲸的时候都会害怕得落荒而逃。企鹅、海豹、鲸鱼都是虎鲸的猎物，虎鲸在海里几乎没有天敌，是当之无愧的海洋最强生物。

不可思议的另一面！

水族馆里的大明星在自然界中却是残忍的杀手……孩子们知道的话会哭吧。

档案

名称	虎鲸
学名	*Orcinus orca*
分类	哺乳类
主要分布	全球海洋
大小	体长 5~8 米

虎鲸因为在水族馆和动画片中的表现给人留下了既可爱又聪明的印象。在自然界中，它们把智慧用在了残忍的狩猎战术上。顺带一提，虎鲸的英文名是Killer Whale（杀手鲸），拉丁语学名是*Orcinus orca*，意思是"从地狱来的恶魔"。真是些可怕的名称啊。

靠近者吃我一爪！

弯钩形利爪
极具威胁性！

大食蚁兽是一种有趣的动物，会用灵巧的长舌头吃蚂蚁。它们把舌头伸进蚂蚁穴，不断舔食的样子

大食蚁兽

非常可爱，还创造过一分钟内舌头伸缩160次的纪录。一般情况下，大食蚁兽的性格都很温驯，但在遇到敌人时，出于自我防卫，它们会挥舞超过10厘米长的弯钩形利爪进行反击。不要以为它们是只吃蚂蚁的温驯动物就放松警惕哦。

不可思议的另一面!

因为被激怒而伤害人类的事件也是有的哦。

档案	
名称	大食蚁兽
学名	*Myrmecophaga tridactyla*
分类	哺乳类
主要分布	南美洲
大小	体长 1~1.2 米

大食蚁兽除了蚂蚁外，也会吃昆虫幼虫和水果等。乍一看没有携带任何"武器"的大食蚁兽，其实隐藏着像镰刀一样的利爪。这就好比一个人经常弯曲手掌，以手背接触地面的状态行走。在2014年的巴西，发生过两名猎人被大食蚁兽袭击后死亡的事件，可见它们的绝地反击也能危及人类的生命。

可爱又柔弱的生物

小貉：大熊猫、鸸鹋、虎鲸……外表都那么可爱，我有种遭受背叛的感觉。果然，光凭外表来判断一种生物是不对的。

小狐：其实，可爱程度表里如一，也没有"武器"，甚至会令人担心的生物也有很多。

小貉：嗯，有吗？

小狐：接下来，就让我们看看那些让人情不自禁想去保护的可爱又柔弱的生物吧。

水豚

　　虽然水豚的名字有"草原支配者"的意思，但性格随和。在陆地上被美洲豹追赶的时候，为了逃跑，它们可以迅速跳入水中，在水里潜伏 5 分多钟。但这时它们很容易被鳄鱼袭击，可能会不幸成为鳄鱼的美餐。

眼镜猴

　　眼镜猴有一双硕大的眼睛。这双大眼睛的聚光能力很强，能够帮助它们在夜晚狩猎。虽然它们主要以捕食昆虫为生，但是在扑向猎物的瞬间，由于害怕昆虫身上的刺会伤到自己的眼睛，它们会把眼睛闭上，所以狩猎基本都以失败告终。

树懒

　　树懒的动作非常缓慢，可以在树上待着一动不动，一整天只吃 1~2 片叶子，过着非常节能环保的生活。它们的消化系统也很环保，所有的消化工作都由肚子里的微生物完成。但是如果它们体内的这套消化系统不能良好运作，它们就会饿死。

几维鸟 / 鹬鸵

几维鸟是一种不会飞的鸟，它们和鸵鸟一样，除了跑得快就没有其他防身术了。它们出生后通常会被负鼠和鼬（yòu）等外来物种袭击，在1岁前被吃掉的可能性高达95%。

蜂鸟

吸食花蜜的小型鸟类，体重约2克，平均每秒扇动翅膀60下，每天能够消耗40千卡热量。这个数据换算到人类身上的话，相当于每天消耗15000千卡热量*。如果不能持续吸食花蜜，它们就会饿死。

* 成年人在日常生活情况下，每天消耗 2500~3000 千卡热量。

貉

实际上，貉在世界范围内也属于珍稀动物。它们的强大"武器"不是爪子和牙齿，而是贪婪。它们是杂食性动物，吃水果和昆虫，甚至连垃圾都不放过。它们生性胆小，会被汽车的喇叭声吓得呆住不动，然后被撞。

是啊……对我来说，只要是吃的我都爱，嘴馋得很，还非常胆小……

好了，好了，小貉。我就同情你这一次吧。

呜呜……

还有，作为宠物为人熟知的金仓鼠其实是快要灭绝的濒危物种。野生金仓鼠只在叙利亚和土耳其的边境出现，据说总数不超过 2500 只。希望大家都能意识到这些脆弱生物面临的困境，好好保护它们。

第二章

其实

不常见的可爱生物，

凶狠残暴？！

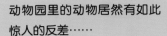 动物园里的动物居然有如此惊人的反差……

 不管外表如何，生物都有令人意想不到的一面。

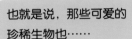 "都有"的意思是，动物园以外的生物也是这样的吗?

 当然。

也就是说，那些可爱的珍稀生物也……

 大概……也挺危险的。

 震惊……

 下面，我就来介绍那些不常见的、看起来可爱其实凶狠残暴的珍稀生物。

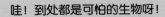 哇! 到处都是可怕的生物呀!

雪山上的猎人，不容小觑！

机器人的舞步⋯⋯

兔狲
sūn

兔 狲的眼睛圆滚滚的，**厚厚的皮毛非常蓬松**，真是寒冬抱枕的绝佳选择啊！兔狲生活在白雪覆盖的荒山上，这件厚实的"毛皮大衣"既实用，又能彰显它们的可爱。但是，它们在捕猎的瞬间会突然变样。在黑夜里，兔狲喜欢躲进岩石的缝隙，等待捕捉小鸟和兔子的最佳时机。**为了靠近猎物，它们会像跳机器人舞似的，一步步向猎物逼近，然后猛扑过去！** 它们还会把嘴巴的一侧吊起，露出犬牙威吓对手，野性十足。

不可思议的另一面！

看起来就像抱枕，但如果在寒夜里抱着它睡觉，似乎不能活到第二天啊。

档案

名称	兔狲
学名	*Otocolobus manul*
俗称	帕拉斯猫
分类	哺乳类
主要分布	俄罗斯（西伯利亚）、中亚
大小	体长 50~65 厘米

兔狲的名称在蒙古语中是"小野猫"的意思。它们为了在寒冷的高地环境生活，长着一身厚厚的皮毛。但高地环境的病原较少，导致它们的免疫力低下，容易得传染病而死，因此很难饲养。如今，随着个体数量减少，全球的动物园都在尝试人工繁殖兔狲。

可爱的『恶魔』

把骨头
『咔嚓咔嚓』
嚼得粉碎！

huān
袋獾

袋獾体形很小，眼睛也圆溜溜的非常可爱，据说它们还是袋鼠的同类！现在，只有在澳大利亚的塔斯马尼亚岛才能见到它们。当地有一个传说：库克船长*第一次见到袋獾的时候，它正在全力攻击其他的有袋类动物，所以就给它起名叫"恶魔"。袋獾张开嘴巴，把鸡和羊啃得连渣都不剩，真是像极了恶魔……它们的咬合力和其他肉食性哺乳类动物相比也毫不逊色，几乎可以和鬣（liè）狗匹敌。

不可思议的另一面！

虽然是被称为"恶魔"的野生动物，但为了不让它们陷入濒临灭绝的境地，也要好好保护啊。

档案

名称	袋獾
学名	*Sarcophilus harrisii*
分类	哺乳类
主要分布	澳大利亚（塔斯马尼亚岛）
大小	体长 50~70 厘米

　　袋獾是肉食性有袋类动物，性格凶暴。到了繁殖期，它们会通过咬脸的方式来示爱，因此很容易造成伤口并感染细菌，患上面部肿瘤性传染病，导致个体数量骤减。对爱慕者的求爱行为却变成了传播疾病的途径，想想也挺悲哀的。

* 詹姆斯·库克（James Cook），18 世纪英国航海家。

苗条的柴犬？

还以为是可爱的小狗……

澳洲野犬*

棕色的毛、直立的三角形耳朵、蓬松的尾巴，这是柴犬？可是，在这里出现的应该是野狗吧。澳洲野犬与野生群居的狼和野狗相近，出人意料的凶猛，会攻击人们饲养的羊群。在过去数十年里，甚至发生过澳洲野犬攻击孩子造成伤亡的事故。追根溯源的话，它们也算是狗和狼的近亲，可能是两者进化过程中的样子吧。

不可思议的另一面！

乍一看还以为是很常见的小狗，但靠近的话你就要吃苦头了。

档案	
名称	澳洲野犬
学名	*Canis lupus dingo*
分类	哺乳类
主要分布	澳大利亚大陆、东南亚
大小	体长约 1 米

　　人们认为，澳洲野犬是大约 4000 年前，从登上澳大利亚大陆的人类带来的犬类演化而来的。从遗传学上来看，它们和狗非常接近，这可能是杂交演化后的结果。2019 年，有人在家里的后院发现了一只看起来有点像小狗，又有点像小狐狸的动物。没想到，鉴定结果显示，这是一只非常难得的纯种澳洲野犬。

* 亚种名。

杀手小土豆？

千万别小瞧啊！

地纹芋螺

一边在海边散步，一边收集沙滩上漂亮的贝壳，多么令人开心啊！咦，这个看起来很美味，像小土豆一样的可爱贝壳是什么？嗯？这种贝壳很危险，千万别碰？是这样啊……地纹芋螺有一根毒针，毒性是印度眼镜蛇的37倍，被针刺到的话会全身麻痹……人类被地纹芋螺刺伤导致溺水身亡的事故时有发生。

不可思议的另一面！

土豆和贝类我都非常喜欢，对我来说这简直是一个大陷阱啊……

档案

名称	地纹芋螺
学名	*Conus geographus*
分类	软体动物
主要分布	日本、印度洋
大小	外壳长约 10 厘米

地纹芋螺是芋螺的一种，是危险的贝类。或许你会感到纳闷，贝壳里居然有毒针？它们的嘴巴里有一个叫"齿舌"的部位，形状有点像叉子，毒液就藏在这里。进行攻击的时候，地纹芋螺会用齿舌刺穿猎物使对方不能动弹。毒针的尖端有一个倒钩，一旦刺入，猎物就无法轻易逃脱。真是个恶毒的结构啊，所以要特别留心岩石的阴暗处哦。

裸海蝶
恶魔的一面

裸海蝶像天使般美丽，它们轻柔地在水中漂动，充满神秘感。可惜的是，野生的裸海蝶是只生活在北冰洋等寒冷海域的深海生物，所以我们一般只能在水族馆看见它们。喂食时间到了……啊，捕食场景也太恐怖了吧！裸海蝶的脸部突然弹出很多像触手一样的东西，帮助它们把食物吞进肚里。与其说是天使，不如说更像恶魔，这些触手被称作"颊锥"。

裸海蝶

不可思议的另一面!

外表和内在的反差太强
烈了……要小心那些外表很
漂亮的家伙啊!

档案	
名称	裸海蝶
学名	*Clione Limacina*
俗称	流冰天使
分类	软体动物
主要分布	日本、北冰洋
大小	体长 1~3 厘米

　　裸海蝶的用餐场景和它们的外表呈现出了极大的反差。捕食的时候它们的头部会突然爆裂开来，从里面瞬间伸出触手捕获猎物，然后慢慢吸收营养。顺带一提，裸海蝶虽然长相如此，却是无外壳贝类的同类，成了一种定位神秘的生物，与蛞（kuò）蝓（yú）和海牛属同一种群。

来来来，过节啦！

一旦被捕获就完了?!

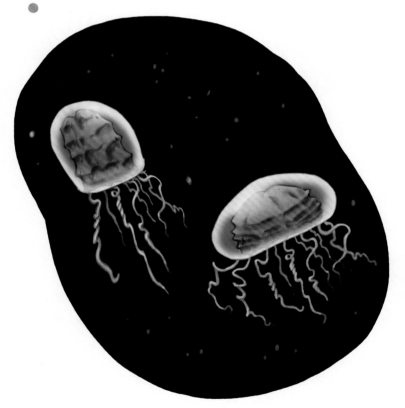

红面具水母

一 说到过节，人们就会联想到很多地方都会悬挂的灯笼。一抹鲜红悬浮在幽暗的海中，像极了梦幻的室内装饰灯。这种漂亮的红色在光线不足的深海就显得暗淡无光了……不过这都在红面具水母的计划之中。虽然深海里有很多会发光的生物，但它们只要被卷入红面具水母那鲜红色的胃里，从外面是完全不会被看到的。这一抹鲜红像极了一个掩人耳目的笼子。

不可思议的另一面！

红色是不是被杀死的生物残留的血液？不能细想啊。

档案	
名称	红面具水母
学名	*Pandea rubra*
俗称	红灯笼水母
分类	刺胞动物
主要分布	北太平洋、北大西洋
大小	体长约 15 厘米

红面具水母生活在450~1000米的深海，从1913年被发现至今，记录在案的仅数十例，是相当稀少的品种。虽说它们对人们来说仍然充满谜团，但由于海洋酸化的影响，可能就要灭绝了。

不要进入我的领地！

蜿蜒起伏，摆着架子······

说到最近水族馆里大受欢迎的动物，非哈氏异康吉鳗莫属啦！黑白相间的模样非常可爱，一边蜿蜒起伏地扭动，一边"噗噗"地吃着从上方落下来的食物，让人想一直看下去。它们仿佛陶醉在自己的世界里，但是仔细观察你就会发现，这难道是在和身边的同类打架？它们张大嘴巴互相威胁，但仅仅是把头伸出巢穴，起不到任何作用。为了争夺领地而互相对戳，也不能因此获取更多食物，到底是为了什么呢？

哈氏异康吉鳗

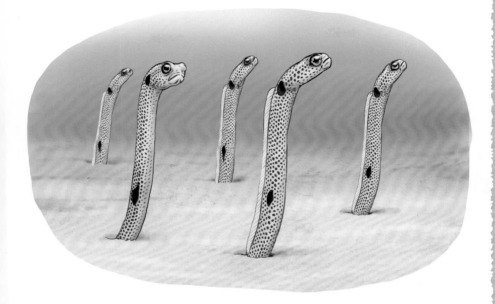

不可思议的另一面!

哈氏异康吉鳗暴力的
另一面……难道它们原本
就一直气呼呼的吗?

档案	
名称	哈氏异康吉鳗
学名	*Heteroconger hassi*
俗称	花园鳗
分类	鱼类
主要分布	印度洋、西太平洋
大小	全长约 35 厘米

　　哈氏异康吉鳗是鳗鱼的同类，属于身体细长的鱼类。虽然能在水族馆观赏它们的机会越来越多，但一般情况下，我们只能看到它们露出沙子表面约10厘米的身体，其实，隐藏在沙子下面的身体长度是露出部分长度的两倍多。因为哈氏异康吉鳗有很强的戒备心，所以它们基本上都会把身体钻进沙子里。如果你一直盯着它们看的话，可能会发现非常少见的游泳姿势，试着观察一下吧。

看似强大其实柔弱的生物

小貉 ： 可爱的生物都不可貌相啊……

小狐 ： 其实不限于可爱的生物，有些看起来很厉害
的生物却出乎意料地柔弱、胆小。总之不能
单凭外表轻易判断哦。

小貉 ： 这……还有这种事？

小狐 ： 要说特别容易被误解的生物，非狼蛛莫属。

小貉 ： 嗯？狼蛛有毒，这难道不是危险生物的代表
特征吗？

小狐 ： 大部分狼蛛的毒性都很弱，人类被咬后伤口
只会红肿，立即死亡的情况基本上是不会发
生的。

小貉 ： 但在某个游戏里，却是一招定胜负……

小狐 ： 还有，千足虫也很容易被误认成带毒的蜈蚣。
实际上它们没有什么特别的武器，受到攻击
的时候只会把身体缩成一团。

小貉 ： 它们像不像身体加长版的独角仙？

小狐 ： 从外表来考虑的话，食肉植物就像昆虫猎人
一样。

小貉 ： 比如捕蝇草和猪笼草，太可怕了！

小狐 ： 但它们捕捉昆虫只是以备不时之需，昆虫并
不是它们的主食。如果毫无节制地去触碰，

木蜂

它们就会因为频繁开闭，导致能量过度消耗而枯死。

小貉：脆弱得令人担心啊。

小狐：很容易被误解的生物还有木蜂。

小貉：木蜂就是那种长得很大的蜜蜂吗？

小狐：它们是蜜蜂的同类，性格很温驯。雄性木蜂没有毒针所以很安全。

小貉：我，我都不知道！

小狐：在惊慌失措之前，应该先了解一下遇见的生物到底存在什么样的危险，采取正确的措施，然后再害怕也不迟。

婴儿为什么这么可爱?

漫画

相对身体而言较大的头部

这些就是『婴儿模式』的特征。

不仅是人类幼崽，动物幼崽也一样哦。

柔软的体表

圆润的身体和脸颊

不灵活的动作

短胖的小手和小脚

宝宝很脆弱……

好好照顾我吧！

所以，他们凭借『可爱』来督促父母养育和保护自己。

没有父母的保护就无法生存。

真是一个单纯的原因啊！

第三章

虽然可爱，但最好不要作为宠物饲养的生物

不管是哪种生物，实际上都很危险。
太令人震惊了……

我可是一片好心，耐心地教你呢。

能够治愈我受伤的心的，大概只
有可爱的宠物了……

宠物中也有危险的生物哦。

嗯？这，这怎么可能……

饲养前要做好充分的准备。
毕竟，把主人咬得满身是伤
的粗暴宠物也是有的。

怎么会……

那么，现在我就来介绍一下虽然可爱，
但最好不要作为宠物饲养的生物吧。

*本书中出现的生物在中国是否可以作为宠物饲养，需要查询相关法律法规后确定。

沙漠中的
天使

外表像天使一样，却敏锐得可怕！

沙漠猫

沙漠猫生活在环境恶劣的沙漠地区，因外表可爱而得名"沙漠天使"。毛茸茸的耳朵……干净的脸庞，娇小的身体，真是无法抗拒的可爱啊。但是它们真的是"天使"吗？实际上，它们的性格很粗暴，爪子和牙齿都非常锋利，具有野生动物的特征。所以绝对不能把它们当作宠物养在家里。

不可思议的另一面！

我们都应该时刻牢记，要好好地保护"沙漠天使"。

档案

名称	沙漠猫
学名	*Felis margarita*
俗称	沙猫
分类	哺乳类
主要分布	北非、西亚
大小	体长 40~60 厘米

沙漠猫成年后体重一般不会超过 3 千克，差不多比家猫还要小两圈。为了在沙漠中隐藏自己的身体，它们身上的毛长成了橙黄色。为了能在炽热的沙子上行走，它们脚底的肉垫上覆盖了起到保护作用的厚皮毛。虽然《华盛顿公约》*已经把沙漠猫列为受保护对象，但还是有很多人想把它们当作宠物饲养，私自捕猎的现象屡禁不止。这样下去，它们很有可能会灭绝。

* 全称为《濒危野生动植物种国际贸易公约》（CITES），旨在管制野生物种的国际贸易。

胃口很大
的野猫

这么小的身体，想钻到哪里去?!

啊，这里怎么有只豹纹小猫呀？看这个脚掌，它难道是黑足猫？黑足猫是体形非常小的猫科动物，虽然体重只有约 2 千克，但一天能吃 250 克肉，是非常危险的肉食性动物。黑足猫的性格非常凶残，当地有传言，它们甚至能咬到身高是自己 10 倍多的长颈鹿的颈动脉。可是它们明明那么小、那么可爱，这种反差太可怕了……

黑足猫

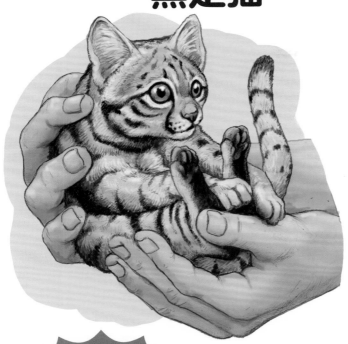

不可思议的另一面!

娇小的动物却生性残暴，
可能是为了弥补自己在体形
上的缺陷吧。

档案

名称	黑足猫
学名	*Felis nigripes*
分类	哺乳类
主要分布	南非
大小	体长 37~52 厘米

　　黑足猫生活在南非，名字来源于它们黑色的脚掌。从体形上来看，它们比家猫还要小两圈有余。一只普通家猫的体重大约在 4~5 千克，而即便是雄性黑足猫，体重都只有约 2 千克。由于黑足猫生性胆小、警惕性非常强，如果人类不小心接近它们，很容易受到攻击。

毛茸茸的、像狮子的大型犬

价格不菲?!

犬*

金毛猎犬、哈士奇犬、圣伯纳犬……大部分大型犬全身毛发蓬松，尽显高贵气质的藏獒也不例外。它们脖子周围的毛发就像一条厚厚的围巾，非常漂亮。《马可·波罗游记》中写道："如狮子般用力嗥（háo）叫，大胆而凶猛。"其实，藏獒在主人面前性格非常温驯，有一颗强大的忠诚心，所以它们可能是为了保护主人才用力嗥叫的。

不可思议的另一面!

力大无穷，用心训练的话能够成为尽忠职守的优秀护卫犬。

档案	
名称	犬
学名	*Canis lupus familiaris*
分类	哺乳类
主要分布	中国
大小	体长 90~113 厘米

　　藏獒是生活在西藏高原地区的大型犬。它们有极高的忠诚度和强大的力量，因此经常被训练为优秀的护卫犬和猎犬。近几年，藏獒作为财富的象征在市场上流行起来，售价一度高达4000多万元人民币。但由于藏獒的训练失败经常会导致事故，它们的售价随后暴跌。其实，我们不应该受到价格的吸引，一时冲动去饲养动物。一旦决定饲养，请负起责任，陪伴它们到生命的尽头。

* 文中特指藏獒。

这可不是老鼠

只适合"资深"饲养者！

猬亚科动物

哎呀，别这样慌慌张张地吃东西。话虽如此，猬亚科动物在进食的时候，会突然神采奕奕、表情丰富。它们用翘起来的鼻子一边到处闻一边寻找食物，拼命吃东西的样子相当治愈。其实，对猬亚科动物来说，这种行为是很费力的。它们是夜行性动物，生性胆小，随意触摸的话，它们会用背上的刺进行反击，具有一定的危险性。如果你上网搜索猬亚科动物，也许就会发现"给新手饲养者推荐""一个人也能轻松饲养"等评论，可不要因为这些"甜言蜜语"就贸然饲养它们。

不可思议的另一面!

如果只因为可爱就去饲养猬亚科动物，它们令人震惊的一面可能会让你动摇。

档案	
名称	猬亚科动物
学名	*Erinaceinae*
俗称	刺猬
分类	哺乳类
主要分布	亚洲、欧洲、非洲
大小	体长 15~20 厘米

猬亚科动物嗅觉非常灵敏，能凭借气味来判断人和物，这弥补了它们视力上的不足。有人可能会因为猬亚科动物的体形和名字而误以为它们和仓鼠一样好养，但令人意外的是，它们的食量很大，寿命却大多只有短短的 2~3 年。猬亚科动物和鼹鼠同属，是夜行性动物且不耐寒，当作宠物饲养需要一个非常精致的生态环境。

容易饲养？别幻想了！

用尖刀般的牙齿啃食……

亚洲小爪水獭^{tǎ}

啊， 这是在电视节目里也非常受欢迎的亚洲小爪水獭！它们的眼睛骨碌碌地转，用灵活的小爪努力吃东西，令人无法自拔……如果你梦想着什么时候也能养一只，然后慢慢靠近它的话……可能会被它一口咬住！好痛啊！！被咬住后怎么甩都甩不掉啊！呜呜……这咬合力也太强了吧。什么，它们可以轻易把螃蟹和贝类咬碎，有时候甚至无法自控？光凭这一点，已经能和猛兽相提并论了吧。

不可思议的另一面!

有很多人想养……
但是大家都知道它们的
本性吗?

档案	
名称	亚洲小爪水獭
学名	*Aonyx cinerea*
俗称	小爪水獭
分类	哺乳类
主要分布	印度尼西亚、越南、印度
大小	体长 40~65 厘米

　　受电视和社交媒体的影响，亚洲小爪水獭近来非常出名。但它们其实是一种性格莽撞的动物，不像猫和狗那样容易驯养。在水族馆，它们有时候只是想和饲养员玩闹，但张嘴一咬，就把饲养员的靴子咬开了一个洞。近几年来因为各地兴起的宠物热，走私亚洲小爪水獭成了一个社会问题。现在，想把它们当作宠物饲养已经不可能了。

体形很小却是打架能手！

狩猎时 无所畏惧！

伶鼬

伶 鼬是黄鼬（黄鼠狼）的同类，身体修长，四肢却很短，一双灵动的眼睛俯视周围，让人情不自禁地想去抱抱它！可是，这完全是骗人的假象……作为凶残的肉食性野生动物，伶鼬生性好斗。凭借娇小的身材，它们不仅可以潜入老鼠的巢穴狩猎，面对小鸟和兔子这些比自己体形大的动物，也能果断出击。这种无所畏惧的性格反而令人担心啊。

不可思议的另一面!

如此充满攻击性，一旦伸出手，很可能就会被咬一口。

档案	
名称	伶鼬
学名	*Mustela nivalis*
俗称	雪鼬
分类	哺乳类
主要分布	北美洲、亚欧大陆
大小	体长 13~25 厘米

　　雪貂也是黄鼬的同类，由于可爱的外表而受到人们的喜爱，近十年来饲养雪貂的人数正不断增加。但伶鼬是一种濒临灭绝的动物，所以是不能饲养的。

被舔到
有你后悔的……

是不是被
宠坏了?!

懒猴*

眼珠滴溜溜地转，这么可爱的小猴子，名字叫懒猴！就像名字一样，它的动作缓慢，看上去非常治愈，还会爬到人们身上来舔他们，难道是把人类当成了同类，想为大家设计发型吗……嗯？懒猴会从手肘内侧分泌出毒液，再与口中的唾液混合，然后攻击敌人……啊！无法想象，这可爱的动作其实是在涂抹毒液啊！

不可思议的另一面!

它们最近好像在宠物界非常受欢迎……正因如此，也可能因为人类的捕猎而数量减少。

档案

名称	懒猴
学名	*Nycticebus*
分类	哺乳类
主要分布	孟加拉国、越南
大小	体长 20~30 厘米

懒猴是懒猴科的一属，像树懒一样在树上过着慢生活。它们会通过舔舐手肘内侧，使分泌液与唾液混合成毒液，然后咬住敌人，释放毒液。除了用来攻击，这种混合液还有美容作用，它们可以通过舔舐全身来建立保护屏障。懒猴是比较少见的含有毒素的哺乳动物。

* 属名。

为它们准备梦想小屋？

不能早起的人可做不到。

mǔng
狐獴

可爱却危险？表里不一的生物

狐獴的身体细长，是猫鼬的同类，过着群居生活。它们在阳光下朝着太阳探头探脑的样子实在是太可爱了！如果能在家里养一只，每天看着它肯定很治愈。什么，这样不行？因为狐獴是群居动物，所以单独饲养会让它们有精神压力。此外，它们还需要生活在恒温环境中，室温要保持在28摄氏度。为了帮助它们享受日光浴，饲主必须每天早起……如果你很怕热，又不想早起，饲养狐獴的确有点难……

不可思议的**另一面**!

即便再怎么可爱，这么任性的动物也不适合在家饲养。

档案

名称	狐獴
学名	*Suricata suricatta*
分类	哺乳类
主要分布	安哥拉、南非共和国
大小	25~35 厘米

狐獴的前足总是保持下垂状态，脊柱伸展，非常可爱。和猫、狗不同，它们被作为宠物饲养的时间很短。即使是被人类饲养的狐獴，本质上还是野生动物，饲主有被它们抓咬的风险。此外，还有饲养环境要求高、找不到专业兽医等困难需要克服。

拖着条纹大尾巴横冲直撞的家伙

太暴躁了，根本不能碰！

哎呀，这是貉吗？原来，这家伙不是貉，是浣熊。人们对浣熊的印象非常好，想当然地要把它们当作宠物。但还是放弃吧。实际上，浣熊的性格非常暴躁，如果在家里饲养的话，它们会把家具抓烂，把柜子打开乱翻里面的东西，还会四处碰壁，把自己弄得遍体鳞伤。浣熊属于杂食性动物，生性贪婪，连垃圾都不放过。因为危险程度极高，它们也被称为"垃圾熊猫"。

浣熊

不可思议的另一面!

虽然叫作"浣"熊，但作为野生动物，它们并不会清洗食物。

档案

名称	浣熊
学名	*Procyon lotor*
分类	哺乳类
主要分布	日本、北美洲
大小	体长 41~60 厘米

乍一看，浣熊与貉长得非常相似，其实凭借尾巴上的花纹就可以简单地区分它们。浣熊是原产于北美洲的动物，在20世纪70年代被当作宠物进口到日本。后来，被饲主遗弃的野化浣熊开始破坏田地，造成了一系列问题，在日本被视为"特定外来物种"驱逐。

很受欢迎，
其实奇臭无比

只是为了
做标记？
快收手吧！

喜马拉雅小熊猫

喜马拉雅小熊猫能像人一样双脚站立，等着饲养员喂食，真是太可爱了。如果能在家里养一只，让它每天早上目送饲主出门，晚上等他们回家，那该多幸福啊！嗯……怎么这么臭啊！如果把喜马拉雅小熊猫养在家里，它们会在各个角落做标记，用爪子把所有的家具都抓烂！饲主每天都要做大扫除和善后工作，在心灵得到治愈之前，就已经疲惫不堪了吧……

不可思议的另一面！

长着一张天真无邪的脸，居然那么臭，真是形象尽毁啊！

档案	
名称	喜马拉雅小熊猫
学名	*Ailurus fulgens*
分类	哺乳类
主要分布	中国、印度
大小	体长 50~60 厘米

　　喜马拉雅小熊猫有一身橙红色的蓬松毛发，非常惹人喜爱，但它们并不适合当宠物饲养。在感到危险时，喜马拉雅小熊猫会因为应激反应从肛门腺分泌出刺鼻的臭味。为了宣示领地，它们会用恶臭的尿液来做记号。因为栖息地非常有限，野生喜马拉雅小熊猫濒临灭绝，《华盛顿公约》已经把它们列为受保护对象。

小型猎豹

难道不是名贵的猫？

sǒu
薮猫

薮猫的耳朵向外伸展，四肢又细又长，看上去就像一只高贵的猫，让人情不自禁地为它的气质所倾倒。如果能一边坐在舒服的大椅子上，一边抚摸躺在腿上的薮猫，那简直太幸福了……但现实往往没有那么美好。薮猫可以算是一种小型猎豹，是敏捷而极具天赋的猎人。它们的最大跳跃范围可达 3 米，能跳起来捉到鸟和兔子等小动物，可不是吃素的……如果惹怒了它们，你的胳膊恐怕会被咬得支离破碎。

不可思议的另一面!

强大的咬合力让薮猫能把猎物连肉带骨啃得咔咔作响，被它们袭击的话，后果不堪设想。

档案

名称	薮猫
学名	*Leptailurus serval*
分类	哺乳类
主要分布	非洲南部
大小	体长 70~100 厘米

薮猫是有大耳朵的猫科动物，能够听到地底下老鼠的一举一动，捕猎成功率非常高。有研究显示，狮子的捕猎成功率为20%~30%，而薮猫捕猎的成功率高达50%。2019年，一则薮猫从动物园逃跑的新闻在日本轰动一时，也让民众对它的危险性有了新的认识。

动物可爱是因为人类?

小貉： 大家生来都好可爱呀……

小狐： 动物的外表可爱只是偶然，并不是为了人类。不过，从某种意义上说，人类对动物的爱护之心也是加快它们演化进程的因素。

小貉： 啊，那倒也是。

小狐： 但是，围绕"可爱"动物的问题有很多……正因为人类拥有一颗善良的心，所以也要面对一些藏在可爱之后的问题。

小貉： 是什么问题呢?

小狐： 据最新消息显示，由于亚洲小爪水獭在电视节目里备受关注，把它们当作宠物的人越来越多，导致它们在原本的栖息地濒临灭绝。

小貉： 不知不觉中，竟然发生了这样的坏事啊……

小狐： 鳄鱼雀和变色龙也有同样的遭遇……

小貉： 它们是……

小狐： 幼年鳄鱼雀在一些小宠物店就可以买到，但是它们成年后体长可达 2 米。

小貉： 那根本没法饲养吧!

小狐： 是啊，不愿再养的人就会把它们扔进河流或

沙漠猫

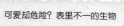

可爱却危险? 表里不一的生物

浣熊

湖泊，生态系统因此被破坏……

小貉：天啊，生活在河里的生物遭殃了。

小狐：被当作宠物饲养的变色龙也会出逃。现在，栖息在日本小笠原诸岛上的变色龙数量增加到了约400万只。

小貉：已经泛滥成灾了啊。

小狐：饲养宠物前，仅仅在思想上下决心是不够的，还应该好好了解一下动物本身是不是适合被饲养。

小貉：看来，娇小可爱的动物并不都能当作宠物。

小狐：这样可悲的情况也出现在浣熊身上，这次大概轮到沙漠猫遭殃了。

小貉：我们应该做点什么来保护它们呢？

小狐：对于这样的动物来说，不饲养就是善举。大家如果能理解，我就心满意足了。

亚洲小爪水獭

第四章
虽然可爱，
但其实像
小恶魔一样
难缠的生物

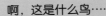 啊，这是什么鸟……

 小貉，你在看什么？

快看，小狐，那里好像有鸟在巢里生蛋，羽毛泛着蓝灰色……

 哎呀，那不是大杜鹃吗？

它一定会好好把宝宝养大……可怜天下父母心啊！

 嗯，恐怕……

恐怕？

 唉，世界上有些事或许不知道更好。

什么？

 下面就开始介绍像小恶魔一样难缠的可爱生物哦！

相貌可爱的『大胃王』

没办法，太费钱了！

海獭

水族馆的海獭会根据饲养员的指示拍打玻璃和举起双手，动作配合非常完美，真是太可爱了。不过，它们吃的虾、鲍鱼、海胆等都是些高级食材啊，饲养成本也太高了。海獭不擅长游泳，只能吃行动迟缓的海产，这让它们在不知不觉中变成了美食家。此外，生活在寒冷的海洋中要消耗很多热量，所以海獭每天吃掉的食物重量大约是体重的20%，即4~8千克，简直是个"大胃王"。

不可思议的另一面!

吃得又香，样子又可爱，还能吃到高级食材，真令人羡慕啊！

档案	
名称	海獭
学名	*Enhydra lutris*
分类	哺乳类
主要分布	美国、加拿大
大小	体长 1~1.5 米

海獭总被误认为是水族馆常见的"明星"，其实它们很少见。近几年来，海獭被列为濒临灭绝的物种，已被禁止捕猎。由于野生海獭需要食用大量高级海产，所以从渔夫的角度来看，它们或许是很令人头疼的动物。

生气的时候吐口水！

带有强烈气味的呕吐物！

羊驼

哇！ 这座牧场除了牛和马，竟然还饲养着羊驼！羊驼长得和羊很像，浑身上下的毛非常蓬松，真是太可爱了。如果你想在体验喂食的时候逗逗它们，于是拿着蔬菜叶子，没有马上喂出去，有可能……会被它们吐满脸的口水！而且还有股异常的臭味！心情瞬间变糟……简直太恶心了。这或许不是它们的口水，而是呕吐物？

不可思议的另一面！

如果你忍不住想对可爱的动物恶作剧，还是别选羊驼吧！

档案

名称	羊驼
学名	*Vicugna pacos*
分类	哺乳类
主要分布	南美洲
大小	体长约 2 米

羊驼是骆驼的同类，平时看上去悠闲，心情不好或者想威吓对方的时候就会吐口水。大量的口水就像淋浴一样喷出来，还混杂着从胃里反流出来的胃液，相当于人类的呕吐物。当你看到羊驼垂下耳朵，噘起嘴唇的时候，建议赶紧和它们保持距离。

爪子有毒的『合成兽』

非常神秘，令人捉摸不透……

鸭嘴兽

鸭嘴兽有圆圆的眼睛和酷似鸭子的嘴，还有像海狸一样的尾巴，真是一种综合了各种可爱元素的独特生物啊。也正因如此，它们同时拥有哺乳类和鸟类的各种特征，非常神秘。虽然看起来可爱，但雄性鸭嘴兽也有可怕的一面。它们会通过后脚掌下的小倒钩分泌毒素来杀死小动物。如果不幸被刺伤，即便使用了强效镇痛剂，还是得忍耐一段时间，所以不可以随便把它们抱起来哦。

不可思议的另一面！

它们看起来像变异的鸭子，其实是爪子里藏满毒素的可怕生物。

档案

名称	鸭嘴兽
学名	*Ornithorhynchus anatinus*
分类	哺乳类
主要分布	澳大利亚
大小	全长 40~50 厘米

鸭嘴兽虽然是哺乳类动物，但长有喙（huī）和鳍（qí）。它们被发现的时候，因为外貌太新奇，被误认为是刻意制造的人工物种。它们是一种同时拥有各种奇怪特征的生物。科学家们指出，鸭嘴兽的皮毛还有能在紫外线照射后发出蓝绿色光的特征。

汪，汪！

快躲开！

伪装遇到危险，
只为独占雌性？！

赤腹松鼠

嗯? 森林里怎么有像幼犬汪汪叫那样的低吠声，谁在遛狗吗？啊，树上有赤腹松鼠呀！它正在用叫声和一起生活的同伴交流，发出警报。本以为出现了危险情况，但其实什么都没发生……其他雄性赤腹松鼠逃走后，剩下的那只就能独占雌性了。难道这只是一场骗局?!

不可思议的另一面!

为了和喜欢的雌性在一起而欺骗其他雄性同类，真是太过分了。

档案	
名称	赤腹松鼠
学名	*Callosciurus erythraeus*
分类	哺乳类
栖息地	中国、日本
大小	体长 20~26 厘米

　　多数松鼠都是单独行动，赤腹松鼠却是少见的群体行动。当靠近猛禽和蛇等天敌的时候，它们会发出类似"汪汪""咕咕"的鸣叫声来警告同伴，但在繁殖期会发生滥用这种警告声的情况。赤腹松鼠最初是中国台湾地区特有的品种，近年来在日本被当作宠物饲养。后来，随着出逃个体的增加，它们在日本引发了一系列社会问题。

毛茸茸的大尾巴

为了繁衍，互相争斗。

南非地松鼠

南 非地松鼠是生活在非洲南部干燥地区的一种松鼠。它们有毛茸茸的大尾巴，会挖洞，过着快乐又融洽的群居生活。它们的社会性很强，也非常好斗。那个，怎么说呢……一整年都是它们的繁殖期。

不可思议的另一面!

本以为是可爱的松鼠……原来如此好斗。

档案

名称	南非地松鼠
学名	*Xerus inauris*
分类	哺乳类
主要分布	非洲南部
大小	体长 20~29 厘米

南非地松鼠生活在冷暖温差明显的地域。在太阳升起的清晨时分，它们通过在地面上爬行来温暖身体，用尾巴来遮阳，在巢穴中躲避强烈的阳光。雄性为了与多只雌性交配会互相争斗，甚至会做出妨碍同类进行交配的行为。这些举动可能都是为了保证自己能在严酷的环境中繁衍更多后代。

装可爱，噗——放个屁

哎呀，背上有条纹，尾巴蓬松的小动物难道是……臭鼬？一边想着，一边靠近看了看，似乎有些微妙的区别，这

好像臭鼬啊！

非洲艾虎

是非洲艾虎吧。虽然看起来像极了臭鼬，但非洲艾虎不管是栖息地还是分类都和臭鼬不同，遭受来自天敌的袭击时也不会装死……嗯，你可能被它放出的强力臭屁喷了个正着……那臭味能把人熏出眼泪。拥有这样的"武器"，果然还是和臭鼬很像的生物啊！

不可思议的另一面!

拥有和臭鼬一样的"武器"却不是臭鼬……太奇怪了吧。

档案

名称	非洲艾虎
学名	*Ictonyx striatus*
俗称	非洲艾鼬
分类	哺乳类
主要分布	非洲南部
大小	体长 27~37 厘米

　　非洲艾虎是鼬的同类，臭鼬是狗的同类，是演化路径完全不同的两种生物。臭鼬生活在美洲大陆，非洲艾虎则生活在非洲南部，栖息地也完全不同，但两者在演化过程中，都练就了"感受到危险时用屁来击退对方"的绝技。因此，非洲艾虎也被称作"非洲的臭鼬"。

「爱的证明」太脏啦！

干那种事不怕被嫌弃吗?!

中美毛臀刺鼠

中美毛臀刺鼠生活在森林中，看起来像迷你水豚，非常可爱。它们爱吃橡果，为了不让其他动物发现，会挖土把自己盖住。嗯？它们会突然对人撒尿，把人身上弄得湿漉漉的。看来它们对人类很感兴趣，这难道是在示爱?！这种行为如果放在人类世界，绝对是变态行为啊！

不可思议的另一面!

人类世界和动物世界的认知，果然不同啊……

档案	
名称	中美毛臀刺鼠
学名	*Dasyprocta punctata*
俗称	蹄鼠
分类	哺乳类
主要分布	墨西哥、哥斯达黎加
大小	体长 40~60 厘米

　　虽然人类世界也有不同形式的表白方式，但没想到在中美毛臀刺鼠的世界，雄性竟然通过向雌性撒尿这种不可思议的方法来示爱。雄性通过尿液中富含的激素来吸引雌性，然后它们会进一步缩短距离，凑成一对。但是，这种行为只能被对雄性有好感的雌性接受。

婚后性情大变?!

无法解释！

草原田鼠

草原田鼠最早出现在北美洲，是长毛鼠的同类。它们会挖掘巢穴，和同伴一起过群居生活，非常活泼可爱。单身雄性能够辨别群体里的同性，却很难辨别雌性。但只要配对成功，雄性将拥有辨别雌性的能力。大部分草原田鼠是一夫一妻制，夫妇俩会一起努力生活，辛苦地养育后代……但也有一部分雄性喜欢和其他异性在一起。

不可思议的另一面!

雄性草原田鼠能从一而终当然开心，如果不能的话……太难了。

档案

名称	草原田鼠
学名	*Microtus ochrogaster*
分类	哺乳类
主要分布	北美洲
大小	体长约 10 厘米

　　雄性草原田鼠在有妻子以后，就能识别不同的雌性。它们是除人类以外非常少见的一夫一妻制动物，婚姻关系即便在失去雌性伴侣后也会持续。如果说繁衍后代是动物最大的目标，那么一夫多妻制将是最具效率的方式，但草原田鼠却演化出了这样的婚姻关系。从生物学角度来看，或许也有些无法解释的原因吧。

冒牌『海洋清洁工』

警惕无良从业者！

wèi
三带盾齿鳚

假名牌、诈骗活动⋯⋯世界上有各种各样的冒牌货，海洋生物中也有冒牌货哦。三带盾齿䲁身上有蓝黑相间的线条，非常漂亮，长得很像以"海洋清洁工"著称的裂唇鱼。裂唇鱼会从其他鱼身上啄食寄生虫，所以大家都很信任它们。三带盾齿䲁则通过模仿裂唇鱼来接近那些放松警惕的鱼类，趁其不备啃咬它们的鱼鳞和皮肤，是品性恶劣的冒牌海洋清洁工。

不可思议的另一面!

在选择服务的时候，一定要确认对方是否值得信赖。

档案	
名称	三带盾齿䲁
学名	*Aspidontus taeniatus*
俗称	纵带盾齿䲁
分类	鱼类
主要分布	太平洋、印度洋
大小	全长约 12 厘米

　　三带盾齿䲁是一种很聪明的鱼，它们会模仿有"海洋清洁工"之称的裂唇鱼。虽然外表很相似，但三带盾齿䲁是盾齿䲁的同类，裂唇鱼是濑鱼的同类，从分类上来看是两种完全不相干的鱼。三带盾齿䲁通过模仿大家信赖的裂唇鱼，让自己既可以躲避天敌，又可以靠近猎物，真是一种聪明的战略。

恐怖，整缸鱼可能被全灭！

被激怒后会大量喷洒毒素？!

tún
粒突箱鲀

如果你看到养了很多鱼的大鱼缸，可以观察一下里面有没有鲀。人们在鱼缸里饲养鲀当然不是为了吃它们，而是因为它们胖乎乎的很可爱。粒突箱鲀游泳时会啪啦啪啦地扇动鱼鳍，长着樱桃小嘴，圆滚滚的身体上布满波点花纹。幼鱼的身体呈黄色，上面长着黑色的斑点状花纹。啊，说起来，箱鲀的身体表面会分泌毒性很强的黏液，如果你看到它们在不正常地抽搐，就要小心了。它们可能在生气，马上就要爆发。

不可思议的另一面!

讨厌谁就会朝谁身上喷洒毒液，非常难缠。

档案

名称	粒突箱鲀
学名	*Ostracion cubicus*
分类	鱼类
主要分布	印度洋、太平洋
大小	体长约 25 厘米

一般情况下箱鲀都非常温驯，在海洋里悠闲地生活，当它们感受到危险的时候，为了防身就会分泌毒素。即使在鱼缸里，它们也会因为不小心被夹在岩石缝里而分泌毒素。那时，恐怕整缸鱼无一幸免。

时髦的杀手

被刺中的话可不得了！

黑白魟 ^{hóng}

亚 马孙河全长约6400千米，流经巴西，是世界上流域最大的河流。河里生活着各种各样难得一见的危险生物，比如食人鱼、电鳗……还有黑白相间、长着圆点、外表时髦的黑白缸。它们平时都躲避在河底的沙子下面，发现猎物的时候会扑哧一声刺出尾部的毒针……如果人被刺中，轻则被刺中的部位发麻，重则皮肤红肿和发高烧，非常危险。

不可思议的另一面!

别被它们时髦的外表诱惑了，靠近的话有你好看的……

档案	
名称	黑白缸
学名	*Potamotrygon leopoldi*
分类	软骨鱼类
主要分布	巴西
大小	全长约100厘米

据说，黑白缸是最美丽的缸科生物。它们外表优雅，尾部有一根被称作"尾棘"的毒针。人类一旦被毒针刺中，就会感受到剧烈的疼痛，就像被殴打一样，即使是成年人也可能疼晕过去。

我是瓢虫哦 ♡

哇！ 叶子上面有一只红黑两色的瓢虫，真漂亮！它缓慢爬动的样子好可爱啊。有些人对昆虫没什么特别的感觉，但是对漂亮的蝴蝶和瓢虫还是很有好感的。他们也许没看清本质。这不是瓢虫，而是蟑螂!! 仔细看就能发现，它的脸部分明是蟑螂的模样，非常怪异，腿上还有小细毛。真是见证了昆虫界的光明与黑暗啊……

拟瓢蠊* ^{lián}

lián

不可思议的另一面!

怎么看都觉得是可爱的瓢虫,完全被欺骗了……

档案	
名称	拟瓢蠊
学名	*Prosoplecta*
分类	昆虫
主要分布	菲律宾
大小	体长约 5 毫米

　　拟瓢蠊是能模拟瓢虫模样的独特昆虫,不过它们并不是想蹭瓢虫的人气。因为瓢虫在受到鸟类等天敌袭击时会分泌出非常苦的汁液来反击,拟瓢蠊模拟瓢虫的外貌,只是为了利用和瓢虫相同的警告色来保护自己。

*属名。

昆虫界的新『偶像』？

长成这样居然是蜜蜂?!

说起动物园里的"偶像"，大家都会想到大熊猫吧！这只小小的昆虫和大熊猫一样有黑白双色的身体，还毛茸茸的！把它捧在手上仔细瞧瞧……哎哟！疼……好疼！好疼啊！什么？熊猫蚁虽然看起来像蚂蚁，其实和蜜蜂一样，身上藏着毒针?!怎么不早说呀！如果有人想悠闲地近距离观赏它们，很可能被狠狠刺中，疼痛感久久不能散去。大家可千万要小心啊！

熊猫蚁

档案

名称	熊猫蚁
学名	*Euspinolia militaris*
分类	昆虫
主要分布	南美洲
大小	体长约 1.5 厘米

熊猫蚁并不是蚂蚁，而是一种蜜蜂。雄性长有翅膀，看起来很像蜜蜂，雌性却酷似蚂蚁。熊猫蚁身上的警告色，除了黑、白色，还有红、黑色等各种各样的双色组合。被刺伤的话，即使是成年男性也会疼得忍不住哭号。

宝石？
果冻？

长大以后是个让人头疼的家伙！

亮蛾*

啊， 森林里好像有个闪闪发光的东西。透明的、忽闪忽闪、摇摇晃晃还有弹性，真漂亮……这其实是亮蛾的幼虫。根据成虫种类不同，幼虫有彩色、纯绿色等颜色。因为像宝石一样美丽，所以它们也被称为"宝石毛毛虫"。看上去有点像果冻，又有点像软糖，有些动物看到的话，大概会把它们吃掉吧。

不可思议的另一面!
我觉得它们成年后的样子也很可爱，可大家是不是都喜欢幼虫呢?

档案

名称	亮蛾
学名	*Dalceridae*
俗称	宝石毛毛虫
分类	昆虫
主要分布	南美洲
大小	体长 1~3 厘米

亮蛾拥有像果冻一样柔软有弹性的质感，那是因为它们身上的胶状物质有黏着性，这是为了让天敌不愿意靠近而演化出来的特点。顺带一提，亮蛾在成年以后也会长出毛茸茸的绒毛，最后变成蛾子。

* 科名。

古老的化学武器

破坏力强的花朵。

铁筷子*

铁 筷子俗称"圣诞玫瑰",是毛茛(gèn)科植物,园艺初学者都能轻松种植。花形漂亮、种类繁多,是一种名字非常好听的花朵。实际上,在公元前,这种花的毒素曾被用来制作化学武器。在漫长的历史中,它们总是被用在可怕的目的上。

不可思议的另一面!

有这么浪漫的俗称,却被用作化学武器,真是可怕的另一面。

档案	
名称	铁筷子
学名	*Helleborus*
俗称	圣诞玫瑰
分类	植物
主要分布	中国、欧洲
大小	高 20~30 厘米

铁筷子的根部含有嚏(tì)根草苷(gān)等毒素,会引起心脏收缩、呕吐、腹痛、腹泻等一系列中毒症状。虽然推荐园艺新手种植,但是如果徒手触摸它们,或者被茎叶的汁水接触到皮肤的话,会引起皮疹和炎症。所以在触碰它们的时候必须戴上手套,非常小心才行。

* 属名。

还是…… 招来的是福

带来祝福的花朵里有毒?!

如果你喜欢研究各种花卉，就会发现连身边的花卉都有令人意外之处，非常有意思。嗯，这些盛开的黄色花朵真漂亮，是辽吉侧金盏花吗？辽吉侧金盏花俗称"福寿草"，福和寿，听起来非常吉祥！可是，它们的根部有许多有毒成分，会引起呕吐、呼吸困难，甚至会诱发心脏骤停而造成死亡，非常危险。什么？竟然给这么危险的花起这样的名字?！

辽吉侧金盏花

不可思议的另一面!

我只听说过，美丽的花朵带刺，但是有毒还真是意外啊……

档案

名称	辽吉侧金盏花
学名	*Adonis ramosa*
俗称	冰凉花、福寿草
分类	植物
主要分布	中国东北部、日本（冲绳除外）、朝鲜、俄罗斯
大小	株高 20~30 厘米

　　辽吉侧金盏花是春季（农历新年前后）盛开的美丽花朵，作为报春花卉的代表也被称作"元旦草"，是 1 月 1 日的生日花。由于它们金灿灿的花朵很美丽，所以有了美好的寓意，很久以前就被当作床头装饰。但使用过程中哪怕只是出一点点差错，就会带来危险。所以，远远地欣赏它们就足够了。

停车场里
捉迷藏

不怕人吗?!

jí líng
黑背眼纹白鹡鸰*

啊， 那里怎么有一只奇怪的麻雀……它不是麻雀，准确来说应该叫黑背眼纹白鹡鸰。它站着不动，长长的尾羽摆动着，非常可爱。为什么接近这只鸟的时候，它不逃跑呢？有人去便利店买了个肉包子再出来，它居然还等在那里。如果有人想靠近它、赶走它的话，它就会在停车场左躲右闪，和人们保持着微妙的距离，一直看着人们……

不可思议的另一面!

盯着我的食物，怎么赶都赶不走……脸皮真厚啊!

档案	
名称	黑背眼纹白鹡鸰
学名	*Motacilla alba lugens*
分类	鸟类
主要分布	中国、日本、俄罗斯
大小	全长 21 厘米

　　黑背眼纹白鹡鸰不仅在城市的便利店门口等着吃人们的食物残渣，还把车辆反光镜里的自己误当成入侵者一顿猛啄，把粪便拉在汽车发动机盖上等，这样的"恶作剧"永远不会结束。

* 亚种名。

色彩鲜艳的毒鸟

居然一直窝在那种地方?!

jú wēng
林鵙鹟 *

为了寻找那有黑橙相间的羽毛、外表让人充满幻想的美丽小鸟，人们开始探索丛林……在如此茂密的丛林间寻找小鸟似乎很难，但因为它们颜色醒目，所以很容易找到。虽然它们不论名字还是形象都有童话般的气质，但含有**生物界高级别的剧毒，人们只要触摸到它们的肌肉或羽毛就会丧命。**它们还会食用有毒生物，虽然只是作为防御手段，但已经够可怕的了。

不可思议的另一面!
或许它们鲜艳的外表是种危险警示标记吧。

档案	
名称	林鵙鹟
学名	*Pitohui dichrous*
分类	鸟类
主要分布	新几内亚岛
大小	全长 23~28 厘米

　　林鵙鹟并不是特定鸟类的名称，而是同一属种的 6 种有毒鸟类的统称。含毒的鸟类很稀有，其中黑头林鵙鹟是世界上最早发现的含有毒素的鸟类。它们的毒素和非常有名的毒蛙——毒镖蛙的毒素成分相同，人类一旦接触就会因神经麻痹、肌肉收缩而死，非常危险。

* 属名。

精打细算
养孩子

为了生存
不择手段……

大杜鹃

和人类一样，大部分鸟类生下孩子（蛋）后会非常努力地孵化，为了哺育雏鸟努力寻找食物……大杜鹃却不走寻常路。为了生存，它们会将蛋产在其他鸟类的巢穴中。然而，这可不仅是让其他鸟妈妈帮忙孵蛋那么简单，孵化出的大杜鹃雏鸟会将鸟巢主人的蛋和雏鸟挤出鸟巢，真是可怕的战略啊……真同情那些被欺负的鸟妈妈。

不可思议的另一面!

一出生就互相竞争?!自然界的严酷无法想象。

档案	
名称	大杜鹃
学名	*Cuculus canorus*
俗称	布谷鸟
分类	鸟类
主要分布	非洲、亚欧大陆
大小	全长约 35 厘米

　　虽然会寻找代孵代育的生物不止鸟类，但大杜鹃的骗术尤其高超。为了不被识破，它们的蛋在演化过程中还会改变花纹。它们还会模仿天敌的鸣叫声来蒙骗其他鸟类，使对方发现不了自己被利用了。不过，代孵的鸟类一般都会孵化更多的雏鸟，不会因大杜鹃的行为而灭绝，所以不必过于担心。

在圆眼睛
的深处……

腹部纯白！
本质阴暗？！

阿德利企鹅

其实，在南极大陆生活的企鹅只有皇帝企鹅和阿德利企鹅两种。阿德利企鹅属于小型企鹅，白眼圈搭配圆溜溜的眼睛，非常可爱。它们成群活动，为了寻找鱼类而冲向大海。在跳水之前，为了确认海里是否有海豹，它们会先从2米多高的悬崖上把一只同伴推落……如果掉下去的同伴没被攻击，就证明没有海豹。虽然先跳入海中就意味着有更多机会独占鱼类，但如果被海豹攻击的话……真是不敢往下想。

不可思议的另一面!

或许外表越可爱的生物，内心深处就越黑暗哦。

档案	
名称	阿德利企鹅
学名	*Pygoscelis adeliae*
分类	鸟类
主要分布	南极大陆
大小	体长 60~70 厘米

　　阿德利企鹅虽然体形小，但极富攻击性。群体行动的皇帝企鹅幼崽因为害怕被海鸥攻击，会向阿德利企鹅求助。在这之后，阿德利企鹅会跟随幼崽找到皇帝企鹅的领地，把皇帝企鹅推下悬崖，再把它们的领地据为己有。不管它们的外表多可爱，性格实在是太阴暗了。

大家都
为我着迷
♡

这样连哄带骗
没关系吗？！

liù
领岩鹨

啊， 好想受欢迎……怎样才能受欢迎呢？也许可以去问问领岩鹨。领岩鹨的体形像麻雀一样，小小的很可爱，但可爱的鸟类有很多啊。嗯？它把臀部朝向一只鸟，一边摇摆一边展示自己呢！难道是喜欢它？哎呀，好害羞啊……什么?!这家伙立马又把臀部朝着另一只鸟摆动起来，难道它对谁都是这样展示的吗?!

不可思议的另一面!

虽然想受欢迎，但要同时向多个对象展示自己实在是……

档案

名称	领岩鹨
学名	*Prunella collaris*
分类	鸟类
主要分布	日本、欧洲南部
大小	全长约 18 厘米

　　大多数雄性鸟类都有一副华丽的外表，以此向雌性求爱。但是，领岩鹨却是由雌鸟向雄鸟求爱，这种生态模式非常少见。雌鸟很擅长"诓骗"雄鸟，它们会表现得非常积极，同时向多只雄鸟求爱。雌鸟生蛋后，坠入爱河的雄鸟会轮流抚养孩子。

幼儿时期宛如天使……

成年后超级丑！

墨西哥钝口螈

墨西哥钝口螈是两栖动物，它们的身体是粉色透明的，像精灵一样，明亮的双眼让人心动，饲养它们的人也有很多。其实，这时的它们还只是婴幼儿（幼体），成年后大部分不能保持这样的外表。不知何故，一旦成年，它们的身体会变成黑色，布满疙瘩，眼睛也会变小，一点都不可爱了。

不可思议的另一面！

疏于照顾的话会变得很丑……换句话说，这是考验饲主能力的生物。

档案

名称	墨西哥钝口螈
学名	*Ambystoma mexicanum*
俗称	六角恐龙
分类	两栖类
主要分布	墨西哥
大小	全长 10~25 厘米

"六角恐龙"是墨西哥钝口螈的俗称。在大家的印象中，它们的身体白色中透着粉色，其实它们原本是黑色的，如今的品种是通过白化病体改良而产生的。在饲养时，如果缺水或者环境不卫生，它们成年后姿态就会发生变化，所以一定要勤换水和勤打扫。

历史上知名的
恐怖的
猛兽袭击事件

即便是安静温驯的动物，也是经受过严酷的考验，才在野外环境中生存下来的。因此说不定在某个时候，它们也会对人类露出獠牙，甚至威胁人类的生命。为什么会发生那样悲惨的事件？我们要如何预防？下面我们就从实际案例出发，学习一下吧。

棕熊伤人事件

日本三毛别村棕熊袭击事件

1915 年 12 月 9 日到 12 月 14 日，在日本北海道发生了猛兽袭击事件。

体长2.7米，体重340千克的巨大棕熊袭击了人类，造成 7 人死亡（具体人数众说纷纭），3 人重伤，是日本有史以来最严重的猛兽袭击事件。

棕熊突然击破玻璃窗，闯入民宅，袭击孩子和女性，甚至把女性带走。第二天，为了给两名被害者举办葬礼，村民把女性的尸体从山上带回民宅时，伴随着巨大的声响，房屋被破坏，棕熊再次出现。在棕熊的认知里，东西一旦抢到手，就是自己的，所以它为了拿回"自己的东西"再次袭击人类。棕熊还闯入了附近的民宅，毫无疑问，又有村民失去了生命。

最后，棕熊被有经验的猎人射杀了。后来人们发现，它是一只没有洞穴的棕熊，因为无法冬眠又忍饥挨饿，所以非常有攻击性。

✺ 日本福冈大学候鸟运动部部员遇袭事件

1970 年 7 月，日本北海道的日高山脉卡美窟漆山发生了猛兽袭击事件。

年轻的雌性棕熊接连袭击了来自福冈大学候鸟运动部的男性部员，造成 3 人死亡。

这些部员从福冈来到北海道登山，为了取得成绩，他们决定无论如何都要登顶。

他们在海拔 1900 米处搭好帐篷，却在这里遇见了棕熊，棕熊抢走了他们的行李。为了拿回行李，他们没有选择下山，而是用了制造声响、点燃火把等手段来驱赶棕熊。但棕熊凭借敏锐的嗅觉发现行李中装有食物，而且把行李认定为自己的东西。

第二天早上，同一只棕熊连续出现了好几次。由于部员没有及时下山，最终造成了 3 人丧命的惨痛后果。

从这个事件中我们可以得知：棕熊不害怕火，不要试图夺回被它们抢走的东西。在爬山时，如果遇到棕熊，请立即下山。

黑猩猩伤人事件

✺ 逃跑的黑猩猩布鲁诺

2006年4月23日，非洲西部的塞拉利昂共和国发生了猛兽袭击事件。

人工喂养的大型黑猩猩（体长1.8米，体重90千克）翻越围栏出逃，毁坏了当地的车辆，用残忍的手法杀害了一名司机。

1990年的塞拉利昂共和国仍然受内战影响，人们会袭击黑猩猩来抢夺幼崽，并通过抛售幼崽这种残酷的办法来挣钱。

政府为了制止这种行为而设置了保护区。保护区的职员夫妇从远离首都的小村庄里捡来一只黑猩猩幼崽并收养了它。他们希望小猩猩能够健康活泼地成长，因此用了英国重量级拳王"弗兰克·布鲁诺"的名字给它命名。

几年后，被当作家人一样养育的布鲁诺长大后被迫离开"父母"，被转移到了被电网包围的保护区中。布鲁诺的体形几乎是普通雄性黑猩猩的两倍，它成了族群的首领。

由于和人类长期生活，黑猩猩们理解了各种各样的事情，比如人类的体能和力气都不如自己强。它们仔细观察着人类的行动，决定突破双重栅栏，逃出保护区。

2006年4月23日，发生了惨烈的黑猩猩袭击人类事件。黑猩猩们袭击了车辆，惊慌的司机开车撞上了大门。接着它又敲碎了挡风玻璃，把里面的人拖出来殴打。

最后，处在混乱中的人们束手无措，布鲁诺带着同伴结束了攻击，回到森林。塞拉利昂共和国政府为了平息这次事件，立刻派人进行搜索，但毫无收获。至今，那群黑猩猩的行踪仍是个谜。

虎鲸伤人事件

✦ 杀人鲸提利库姆

1991年到2010年，美国的一家水族馆发生了3起虎鲸伤人事件，造成3人死亡。

袭击人类的虎鲸名叫提利库姆，名字意为"朋友"。它体长6.9米，体重超过5000千克，是水族馆饲养的虎鲸中最大的。

第一次事故发生在1991年，一名驯兽师（来打工的学生）滑进水池，被提利库姆拖进水中溺亡；第二次事故发生在1999年，一名27岁的男性在闭馆后避开安全防护设施，闯进虎鲸池，最后溺水而死；第三次事故发生在2010年，一名40岁的资深驯兽师被提利库姆拖进水中溺亡。

　　虎鲸的咬合力超强，是有强烈好奇心的高智商动物，在和人类玩耍的时候，它们会在不经意间伤害人类，甚至造成伤亡。

　　无论人类与动物的联系多么紧密，两者之间的力量差距还是非常悬殊的。

既可爱

又

无比

顽强

的生物

第五章

小狐，我全明白了。

啊，怎么感觉你和以前有点不一样啊。

我不会再被外表蒙骗了，我要锻炼出一颗钢铁般的心！

钢铁般的心……那就是不管发生什么都不会动摇对吧？

那么，小狐……接下来出场的可爱生物是什么呢？

接下来介绍的就是如钢铁般结实又顽强的可爱生物。

嗯，好吧……

这话，完全不像你会说的啊！

为了孩子
哪儿都能去

育儿过程
太艰辛！

皇帝企鹅

皇帝企鹅是世界上最大的企鹅，在寒冷的南极，它们摇摇摆摆、成群结队移动的样子真是百看不厌。但是，南极的气温低于零下60摄氏度，有时还有猛烈的暴风雪，在这种环境下哺育幼崽实属不易。雌企鹅会把孵蛋的重任交给雄企鹅，然后不顾一切地外出寻找食物，甚至不惜远行50千米。而雄企鹅为了等待雌企鹅回来，要坚持大约60天不吃不喝。即便如此艰辛，它们仍然顽强地坚持孵蛋，这完全是出于父母的爱啊。

不可思议的另一面！

也许是为了在哺育幼崽时能忍受严酷的环境，皇帝企鹅才演化出了庞大的身躯。

档案	
名称	皇帝企鹅
学名	*Aptenodytes forsteri*
俗称	帝企鹅
分类	鸟类
主要分布	南极圈
大小	全长 115~130 厘米

皇帝企鹅哺育幼崽需要忍受常人无法想象的严酷环境，为了不让企鹅蛋被冻住，它们双脚并拢，把蛋放在脚上。雄企鹅经过了大约60天的漫长等待，雌企鹅才会把食物贮藏在胃里带回来，但食物的量也只够一只幼崽食用。这时，体重已经减轻将近40%的雄企鹅便会义无反顾地直奔远方的大海觅食，甚至不会回头看一眼同样筋疲力尽的同伴。

不畏风雨

动一动会不
会更好?!

guàn
鲸头鹳

　可爱却危险? 表里不一的生物

鲸头鹳的个头好大啊！在会飞的鸟类中它们是非常大的，翅膀展开后有两米多宽！如果你被盯上的话，会觉得它们的眼睛看起来有点吓人，**但慢慢接近后它们会向你鞠躬，那气质太迷人了。**顺带一提，它们已经站着一动不动好几个小时了……肺鱼是鲸头鹳的主要食物，在几个小时里只会浮出水面呼吸一次。为了捕食肺鱼，鲸头鹳养成了**一动不动地注视水面，静待猎物的习性。**

不可思议的另一面！

虽然四处搜寻食物也很辛苦，但一动不动地长时间等待也太累了吧。

档案

名称	鲸头鹳
学名	*Balaeniceps rex*
分类	鸟类
主要分布	非洲中部
大小	体长 1~1.4 米

鲸头鹳忍耐力超群，又被称作"岿然不动的鸟"。它们的捕食方法不是跳入水中去四处搜寻移动中的猎物，而是一旦选定位置，不管刮风下雨都一直等待，直到猎物来到自己的脚边。极少数的时候，会发生鱼类被河马驱赶而跳到它们脚边的事情，每当这种幸运时刻降临，它们就能不费吹灰之力地饱餐一顿。

最喜欢蜜蜂♡

就这么想吃吗？

黄喉蜂虎

黄 喉蜂虎是一种背部呈咖啡色，喉部呈黄色，腹部呈蓝绿色的漂亮鸟类。这么大胆的配色也是它们的生存之道。黄喉蜂虎以蜜蜂为食。一旦发现蜂巢，它们一次可以吃100只蜜蜂，一天甚至可以吃250只，相当可怕。它们用喙咬住蜜蜂后，会将蜜蜂的头部用力敲击树枝等硬物，使它断气，接着摩擦蜜蜂的腹部使毒液流出。虽说是一个好办法，但确实有点残忍。

不可思议的另一面!

大家都害怕蜂巢，尽量避开，但对黄喉蜂虎来说，这就是个"饭盒"啊……

档案	
名称	黄喉蜂虎
学名	*Merops apiaster*
俗称	欧洲食蜂鸟
分类	鸟类
主要分布	欧洲南部、非洲、亚洲
大小	全长 25~29 厘米

黄喉蜂虎是一种群居鸟类，以蜜蜂和蜻蜓为食。雄鸟向雌鸟展示自己的时候，常把清除完毒素的蜜蜂作为礼物送给雌鸟。据说，如果养蜂场附近有黄喉蜂虎的鸟巢，蜜蜂甚至会因为害怕它们而不敢外出。

离巢的锻炼

成为『大人』真不容易……

白颊黑雁

白 颊黑雁是一种夏天生活在凉爽的北极圈，冬天则向欧洲迁徙的候鸟。在繁殖地出生的雏鸟嘴巴是黑色的，全身覆盖着淡黄色的绒毛，像一个个毛茸茸的球，非常可爱。啊，一个没注意，它们竟然从100多米高的悬崖峭壁上跳了下来！雏鸟在掉落的过程中，身体会蹭到岩石表面，掉到地上后几乎不能动弹，快不行了吧……嗯？过了一会儿，它们居然慢慢动了起来，回到了妈妈身边。

不可思议的另一面！

白颊黑雁会选择在相对安全的悬崖上筑巢，但这种方法也太危险了吧……

档案

名称	白颊黑雁
学名	*Branta leucopsis*
俗称	藤壶鹅
分类	鸟类
主要分布	北美洲、欧洲
大小	体长 55~70 厘米

"狮子扔幼崽"的谚语说的是母狮子为了让自己的孩子顺利长大而严格训练它们，白颊黑雁的育儿方式也是如此。为了抵御天敌，保护自己的蛋，它们选择把鸟巢筑在悬崖峭壁上，待雏鸟孵出后不久，鸟妈妈会飞到远低于雏鸟的地方，守候着雏鸟跳下悬崖与自己相会。蓬松的羽毛能保护雏鸟在落下的时候不易死亡，但即便安全落地，它们也可能被地面上的天敌袭击。

像小石头一样滚落

为了活下去
慌不择路?!

奎氏对趾蟾

为了寻找稀有的物种，人们来到了南美洲海拔的2800米的罗赖马山。这里阴暗潮湿，气候恶劣……啊，那里有只黑乎乎的、疙疙瘩瘩的小青蛙！它是如何在这么高的地方生活的呢？突然，它像小石头一样顺着斜坡快速滚落下去了，没关系吗?! 不过它看上去游刃有余。正因为通过这样的方式逃跑，所以奎氏对趾蟾还有个俗名叫"小石头青蛙"。

不可思议的另一面！
这样滚落下来逃跑应该会受伤吧，不过看起来似乎没什么问题。

档案	
名称	奎氏对趾蟾
学名	*Oreophrynella quelchii*
俗称	罗赖马黑青蛙、小石头青蛙
分类	两栖类
主要分布	南美洲
大小	体长约3厘米

　　奎氏对趾蟾是在罗赖马山独自演化的产物，是一种不进行变态*过程的稀有青蛙，以青蛙的外形直接从卵中出生。它们利用高山地形，在遇到敌人时全身肌肉紧缩变硬，像一颗小石头一样从山体的斜面滚落下去逃跑。看起来会受重伤，但由于它们的体形只有大拇指大小，滚落时所受到的冲击也相对较小，所以并无大碍。

＊生物学术语，指有些生物在发育过程中，形态和构造上经历剧烈变化。

「自灭之刃」

惊人的
再生能力?!

欧 非肋突螈在水流平缓的河流和水草中低调地生活。也可以作为宠物饲养，是一种又大又可爱的蝾螈。试着抓

欧非肋突螈

一下……咔嚓——好疼啊！手上被尖尖的东西刺到了！仔细一看，**它身体两边的肋骨像尖刺一样弹出来了?!**肋骨从皮肤中穿出来，看起来很疼，但很快就痊愈了……好厉害的防御术啊。

不可思议的另一面！

完全是自我毁灭……不过它们毫不在乎，再生能力也太强了……

档案

名称	欧非肋突螈
学名	*Pleurodeles waltl*
分类	两栖类
主要分布	西班牙、葡萄牙
大小	体长 17~30 厘米

欧非肋突螈在感知到危险的时候，会从身体两边的凸起处弹出尖刺进行反击。它们的身上并没有专门的小孔让尖刺通过，光是想想都觉得疼。但一部分蝾螈具有极高的伤口愈合能力，目前专家正在研究，能否将这种能力用于医疗技术中。

睡不醒！现实中的睡鼠！

睡眠森林中的……

日本睡鼠

呜 呜呜……好冷啊。在这样的寒冬里，雪山上还会有生物吗？听说在倒下的树木里有可爱的动物……哇！有一只尾巴蓬松，睡成一团的小家伙！是日本睡鼠！睡鼠在《爱丽丝梦游仙境》的茶会里出现过，究竟是什么样的？嗯？不管怎么摇晃，它都完全没有要醒来的样子。在这么冷的环境里，完全没有戒备，还喜欢睡懒觉……难道它在冬眠？

不可思议的另一面！

通过冬眠来抵御严寒非常重要，但是如果睡得太沉了也很危险。

档案	
名称	日本睡鼠
学名	*Glirulus japonicus*
分类	哺乳类
主要分布	日本
大小	体长 8~9 厘米

　　日本睡鼠长得很像松鼠，但在分类上是完全不同的动物。到了冬天，它们会一边消耗储存在身体里的脂肪，一边进入冬眠状态。日本睡鼠喜欢睡懒觉，一旦睡着，无论被怎么捉弄，它们至少得花上 1 小时才能醒来。在海外，它们还有个别称叫"睡觉老鼠"。在日本，因为非常稀有，它们在1975年被指定为"国家天然纪念物"。

大家去海边潜水？

不会是自杀吧?!

挪威旅鼠是老鼠的同类，在北极附近条件严苛的土地上过着群居生活。它们披着一身毛茸茸的皮毛，看起来和豚鼠很像。挪威旅鼠有一点很不可思议：它们以 3~4 年为一个循环进行大量繁殖，个体数量也在灭绝的边缘时增时减。嗯，跟在它们后面看了看……集体跳海?! 你可能会觉得它们是集体自杀……实际上它们只是去海里寻找食物。为了生存，居然不惜采取如此大胆的方法。

挪威旅鼠

不可思议的另一面!

纵身跳入北极寒冷的大海中，身体可真好啊……

档案	
名称	挪威旅鼠
学名	*Lemmus lemmus*
俗称	欧旅鼠
分类	哺乳类
主要分布	北极圈
大小	体长 7~15 厘米

挪威旅鼠的数量会定期循环增减，这种不可思议的现象让人们误以为它们是会通过跳海自杀来调整数量的动物。这种想法源自一部 1958 年制作的纪录片，片中有一段挪威旅鼠跳海"自杀"的伪造影像，后来被流传开来。虽然在移动过程中，难免会有个别挪威旅鼠溺亡，但这绝不是自杀。

最有用的
防寒外套

在极寒条件下
也没问题?!

北极狐

听说在冰天雪地里有一种耳朵小小的，像一只圆滚滚的大白犬的动物……难道是北极狐？为了保持体力，它们会蜷缩成圆球一动不动。仔细观察就能发现，它们身体外层的毛较硬，内层的毛则是柔软的绒毛，就像穿了一件双层外套。皮毛的良好保温性使它们完全能忍受零下 80 摄氏度的环境……但人们还是会忍不住担心，它们会不会也有被冻僵的时候呢？

不可思议的另一面!

虽然拥有了强悍的御寒能力，但身体对气温的感知能力变迟钝了。

档案	
名称	北极狐
学名	*Vulpes lagopus*
分类	哺乳类
主要分布	北极圈
大小	体长 48~68 厘米

北极狐是"艾伦法则"中经常被用来举例的动物。该法则提出，即便是有亲缘关系的动物，生活在寒冷地区的物种，它们的耳朵、腿和尾巴等身体的延伸部分都会变短。据说这是为了让身体末梢不觉得寒冷，而尽量减少相应部位表面积的结果。与北极狐相反，生活在非洲沙漠中的耳廓（kuò）狐耳朵很大，这是为了通过扩大身体的表面积来散热。

千万别错过温暖的地方

为了不被冻死，要晒日光浴。

北方山绒鼠

南 美洲海拔 5000 米的高山上非常寒冷。但是，北方山绒鼠就生活在这里。它们有长尾巴，长得既像兔子又像龙猫，非常可爱。咦？它们闭着眼睛，朝向太阳一动不动……难道是在晒太阳？看起来它们是在利用太阳光温暖身体，抵御严寒，但是如此悠闲真的没关系吗？

不可思议的另一面!
晒太阳是北方山绒鼠每天必做的事情，虽然可爱，但不这样做的话就熬不到晚上吧……

档案	
名称	北方山绒鼠
学名	*Lagidium Peruanum*
俗称	秘鲁兔鼠
分类	哺乳类
主要分布	南美洲
大小	体长 30~45 厘米

　　北方山绒鼠生活在高山上。在那里，夜晚气温会降到零下，变得非常寒冷。为了御寒，它们有厚实的皮毛，但这还不够，所以它们会在早上登上岩山，尽情地享受日光浴。别看它们那么悠闲，其实如果不这样做它们就会被冻死，所以这只是为了生存必不可少的行为罢了。

小身材，大酒量?!

走路不打晃吗？

qú
笔尾树鼩

笔尾树鼩生活在树上，脸既像老鼠又像松鼠，像羽毛一样的长尾巴是它们的特征。其实，它们拥有和可爱容颜完全不相称的惊人能力。嗯？周围怎么散发着浓重的酒精味？原来，在笔尾树鼩生活的马来半岛，棕榈树上会分泌出天然酒，它们就靠舔舐天然酒为生。如果把它们的饮用量换算成人类酒量的话，相当于一个成年人每天喝7~8瓶啤酒……但是，它们体内分解酒精的能力很强，所以不会喝醉。

不可思议的另一面!

每天喝这么多也不会醉，真是不可貌相的"酒仙"啊。

档案

名称	笔尾树鼩
学名	*Ptilocercus lowii*
分类	哺乳类
主要分布	东南亚
大小	体长约18厘米

人类是少有的喜欢喝酒的动物。狗、猫等其他动物因为无法分解酒精，喝酒后会出现中毒症状，人类在过度饮酒后也会酒精中毒。像笔尾树鼩这么喜欢喝酒的动物非常稀有。不过，棕榈树也不是"无偿"给它们酒喝，而是要靠它们传播花粉，因此这是双赢关系。

装死大师

逼真到散发尸臭。

黑耳负鼠

黑耳负鼠生活在美洲大陆，是和袋鼠、考拉一样腹部有哺育袋的有袋类动物。它们的脸很长，驮着很多幼崽，看起来非常治愈。啊，有狗突然接近，狗是它们的天敌……一眨眼的工夫，黑耳负鼠突然倒在了地上……难道是装死？黑耳负鼠装死非常逼真：眼部变得松弛，舌头耷拉下来，身体还会发臭，让敌人误以为这是已经腐烂的尸体。真是个十足的"戏精"啊。

不可思议的另一面!

通过装死来蒙混过关太危险了，任谁都不会考虑，但对它们似乎很管用。

档案	
名称	黑耳负鼠
学名	*Didelphis marsupialis*
分类	哺乳类
主要分布	美洲大陆
大小	体长 40~65 厘米

美式英语里有个词语叫"play possum"，是假死的意思。"possum"是黑耳负鼠（opossum）的简称。黑耳负鼠只在美洲大陆生活，这种简称在英国并不适用，因此被写成"play opossum"。

个子小，
却拥有
强大的力量！

尽管只有狗一般大小！

马 *

说起马，就想到它们那顺滑的毛发和强劲的奔跑能力。法拉贝拉的个头只有普通马的一半，体形较小的只有40厘米高，有些甚至比中型犬还要小。个头这么小，那速度应该……结果却出乎意料。法拉贝拉身体强壮，能够在草原上来回奔跑，作为竞技用马活跃在赛场上。小个子的马拼命奔跑的样子真是非常可爱。

不可思议的另一面!

个头小却很强大，隐藏在马身体里的力量远远超乎想象。

档案	
名称	马
学名	*Equus ferus caballus*
分类	哺乳类
主要分布	阿根廷（原产国）
大小	体高 40~70 厘米

法拉贝拉是阿根廷的法拉贝拉家族利用小型马持续交配得到的产物，是一种品种改良马。由于它们个头小，性格温驯，在美国非常受欢迎。它们体形太小，不适合成为坐骑，平均寿命约20~30年，比犬类长寿，将来也许会被训练成为导盲马。

* 文中特指法拉贝拉。

金蝉脱壳！

豁出性命赌一把?!

斑鳞虎

有 一种斑鳞虎，它们身体小，眼睛大，腿很短，体形丰满可爱。仔细观察会发现，它们的鳞片非常大，因此也被称作穿山甲守宫。真想摸一摸啊……咔嚓——啊?!轻轻一碰，它身上的鳞片就一下子全部脱落，露出了酷似鸡肉的身体！如果感知到危险，斑鳞虎会通过掉落鳞片来逃跑……竟然用这么大胆的办法保护自己，令人震惊。

不可思议的另一面!

用这种办法逃跑，
可真是个豁出性命的
"赌徒"啊……

档案

名称	斑鳞虎
学名	*Geckolepis maculata*
俗称	鱼鳞守宫、穿山甲守宫
分类	爬行类
主要分布	马达加斯加岛
大小	体长 10~12 厘米

　　我们常用"输个精光"来形容赌徒，斑鳞虎拥有一种奇妙的能力，在受到强烈刺激后，会掉落鳞片来逃脱，脱落的鳞片差不多两周后会重新长出来。在这期间，它们都处于毫无防御能力的状态，所以会隐藏在树木的缝隙间生活。触摸它们的时候千万要小心哦。

周游世界 的蝴蝶

为什么体力这么好?!

君主斑蝶

很多昆虫都被人讨厌，但大部分人应该能接受蝴蝶。君主斑蝶漂亮的橙色翅膀上有黑色的边框，飞翔的姿态令人着迷。但是，它们究竟想飞到哪儿去？让我们来一探究竟……只见它们一门心思朝南飞，已经飞到4000千米外的墨西哥了，这么好的体力究竟是从哪儿来的？看来这是它们为了过冬，在冬季到来前组织的集体迁徙。

不可思议的另一面!

君主斑蝶顺着风，大面积迁徙的姿态既优雅又强大。

档案

名称	君主斑蝶
学名	*Danaus plexippus*
俗称	黑脉金斑蝶
分类	昆虫
主要分布	北美洲
大小	体长约 10 厘米

　　君主斑蝶是一种可以坚持飞行极长距离的蝴蝶。长途旅行的进度哪怕只晚了一小会儿，都有可能让它们死亡。受到风向的影响，有时候它们也会迷路。幼虫以乳草植物的叶子为食，在成长过程中不断地储备毒素。虽然在人类眼中它们的外表非常美丽，但是它们的敌人只会觉得这样的猎物很难吃，因此这种外表起到了警告的作用。

丑萌丑萌的『绝食大王』

令人担心，还是多吃点吧！

大王具足虫

可爱却危险？表里不一的生物

这几年，大王具足虫因其丑萌的外表，在水族馆很受欢迎。从背部看，它们酷似团子虫，非常治愈！它们生活在200~2500米的深海海底，以沉到海底的鱼类尸骸为食，从事着"深海清洁工"这份体面的工作。不过，它们最后一顿饭是什么时候吃的？也许在不知不觉间，它们已经有5年不吃不喝了。在绝食状态下它们要如何存活，令人无法想象。

不可思议的另一面！
把竹荚鱼放在它的嘴边就会被踢走，为什么要如此坚决地绝食呢？

档案	
名称	大王具足虫
学名	*Bathynomus giganteus*
分类	甲壳类
主要分布	大西洋、印度洋
大小	体长 20~50 厘米

大王具足虫是等脚类动物的一种，外形酷似团子虫，从分类上来看更接近漂水虱。就算在食物不多的深海，它们也能忍饥挨饿地活着。可是，在日本鸟羽水族馆曾经发生过这样的事情：一只大王具足虫自从2009年1月吃了一条50克的竹荚（jiá）鱼后，在长达5年多的时间里持续绝食直至死亡。真是充满谜团的生物啊。

不容忽视！传染病的历史

你知道"杀人最多的生物"是什么吗？

正确答案就在你身边，它们是肉眼无法看见的细菌和病毒。细菌和病毒会引起传染病。如今，人类已经知道了细菌和病毒的存在，随着医疗技术的发展，大部分传染病已经能被治疗。直到不久前，人们还把这些由"看不见的小东西"造成的身体疾病称为"怪病"，拿它们毫无办法。

人类与传染病

在已被发现的传染病中，较古老的有从以色列海岸的人类骸骨中发现的结核病，它的出现时间在公元前 7000 年左右。传染病在人类诞生以前就统治着地球，在各种各样的生物之间传播并汲取营养、增加数量、广泛流行。其中，在人类历史上留下难以磨灭印记的传染病是鼠疫。当时，鼠疫的致死率高达 60%~90%，也被称为"黑死病"。这种可怕的传染病在 1350 年左右的欧洲广泛流行，死于鼠疫的人数约 3500 万，差不多相当于当时欧洲人口的 1/3。

 传染病的发现

1860年左右，人类首次发现肉眼不可见的传染病。研究微生物的专家路易·巴斯德博士从发霉的面包中得到启发，成功证实了肉眼不可见的物质的存在。人们意识到细菌和病毒会引起疾病，发现注射疫苗可以弱化它们的毒性，形成抗体。

周期性发生的世界流行性传染病

2020年，由新型冠状病毒引起的传染病暴发。据说，在全世界范围内流行的传染病是以100年为一个周期暴发的。100年前流行的传染病是西班牙流感。

传染病不仅会损害人们的身体健康，还会影响人们的心理健康。对传染病患者充满偏见、区别对待，这些现象即便在现代也在重复上演。人们会对肉眼不可见的东西感到恐惧，大家都有感染传染病的风险。正因如此，我们才更应该携起手来，共同度过危机。

后记

很荣幸这本书能够出版。

本书介绍的多是大家在动物园看到过，或者是身边就能观察到的生物。虽然外表可爱，但深入观察后就会发现它们的真面目：有的凶残，有的强悍，有的可怕。

在得知它们的真面目后，你是不是很惊讶呢？但是，不管是什么生物，都是为了保护自己或者繁衍后代才这么做的。

有时候，可爱的外表会干扰人们的判断。为了避免发生"自以为是的误会"，我们应该先停下来思考一下，它们会不会和我们想象的不一样？不要因为无知而去触碰它们，导致受伤；也不要因为一时

冲动就把它们当作宠物来饲养……我希望由于这些原因而受到伤害的生物和人类都越来越少，因此写下了这本书。

我希望通过此书和《奇怪生物频道》节目，让正确理解生物的人越来越多，哪怕只增加一个人，未来也是充满希望的。

最后，请允许我向编者实吉达郎先生，绘制精美插图的川崎悟司先生、羽仁卫门先生，绘制漫画的因幡野实音女士，以及与本书有关的各方面人士，致以最诚挚的谢意。

朗

主要参考文献

《奇怪动物大集结》
早川伊莱央 著 Basilico公司

《恋爱中的生物图鉴》
今泉忠明 监修 KANZEN公司

《遗憾的进化》
今泉忠明 监修 高桥书店

《遗憾的进化 续》
今泉忠明 监修 高桥书店

《又来了！遗憾的进化》
今泉忠明 监修 高桥书店

《更多！遗憾的进化》
今泉忠明 监修 高桥书店

《还有！遗憾的进化》
今泉忠明 监修 高桥书店

《顽强的生物图鉴》
白石拓 著，今泉忠明 监修
HobbyJapan公司

《吃人的生物》
斋藤沙千惠 著，Panku町田 监修
Business社

《熊岚》
吉村昭 著 新潮文库

《遇到熊怎么办？》
姐崎等、片山龙峰 著
Chikuma文库

《外来生物大集合！烦人的生物百科全书》
冈田卓也 著，加藤英明 监修
高桥书店

《危险生物轻图鉴》
加藤英明 监修 学研Plus

《外来生物轻图鉴》
加藤英明 监修 学研Plus

《奇怪名字的生物百科全书》
GRAFIO 编著 金星社

《身边的有毒植物：不能不知道的杂草、蔬果和花卉》
森昭彦 著 SB创意公司

【著者】　朗

　　生物科普视频节目《奇怪生物频道》的运营者，将生物的独特生活状态、演化历史与相关新闻等编辑成科普视频发表在社交平台上。节目获得了各年龄层观众的欢迎。

【编者】　实吉达郎

　　动物学者、作家。毕业于东京农业大学，曾在野毛山动物园等机构工作，后移居巴西进行动物研究，有著作多部。

【绘者】　川崎悟司

　　插画家，从描绘灭绝动物、古生物、恐龙等内容开始了生物插画生涯，目前已为多本图鉴绘制插图。作品有《鲨鱼的弹出式下巴：用人体来表现物种进化顺序的动物图鉴》（SB创意公司）等。

【绘者】　羽仁卫门

　　插画家，主要负责绘制《奇怪生物频道》中的主持人小狐和小貉的卡通形象。除了喜欢画画，也很喜欢打游戏。

【绘者】　因幡野实音

　　目前正在参与多个插画和漫画绘制项目，精力充沛。最喜欢的动物是柴犬。

日版书籍设计/杉山健太郎
日版文本编加/八田早月
日版排版印刷/Nitta印刷服务
日版校对/鸥来堂

图书在版编目（CIP）数据

可爱却危险？表里不一的生物 /（日）朗著；（日）实吉达郎编；（日）川崎悟司，（日）羽仁卫门，（日）因幡野实音绘；邢立达，余慧玲译.一长沙：湖南少年儿童出版社，2022.8
ISBN 978-7-5562-6377-6

Ⅰ.①可… Ⅱ.①朗… ②实… ③川… ④羽… ⑤因… ⑥邢… ⑦余… Ⅲ.①动物－少儿读物 Ⅳ.①Q95-49

中国版本图书馆CIP数据核字(2022)第066106号

KAWAII KEDO JITSU HA ABUNAI YATSU NANDESU。
HONSHO O MINUKE！URA NO KAO O MOTSU IKIMONO ZUKAN
©Rou 2021
First published in Japan in 2021 by KADOKAWA CORPORATION, Tokyo.
Simplified Chinese translation rights arranged with KADOKAWA CORPORATION, Tokyo.
本书中文简体字翻译版由广州天闻角川动漫有限公司出品并由湖南少年儿童出版社出版。
未经出版者预先书面许可，不得以任何方式复制或抄袭本书的任何部分。

可爱却危险？表里不一的生物

KEAI QUE WEIXIAN? BIAOLIBUYI DE SHENGWU

广州天闻角川动漫有限公司 出品
Guangzhou Tianwen Kadokawa Animation & Comics Co.,Ltd.

出 版 人	刘星保
著 者	[日]朗
编 者	[日]实吉达郎
绘 者	[日]川崎悟司　[日]羽仁卫门　[日]因幡野实音
译 者	邢立达　余慧玲
出版发行	湖南少年儿童出版社
经 销	全国各地新华书店
出 品 人	刘烜伟
责任编辑	罗柳娟
特邀编辑	向沅沅　柯丹雯
装帧设计	李小英
制版印刷	广东广州日报传媒股份有限公司印务分公司
开 本	890mm×1270mm 1/32
印 张	5.5
版 次	2022年8月第1版
印 次	2022年8月第1次印刷
书 号	ISBN 978-7-5562-6377-6
定 价	49.00元